葛根

RADIX PUERARIA

高质高效生产问答

王爱勤　何龙飞　主编

U0394140

中国轻工业出版社

图书在版编目（CIP）数据

葛根高质高效生产问答 / 王爱勤，何龙飞主编.
北京：中国轻工业出版社，2025. 2. -- ISBN 978-7
-5184-5257-6

Ⅰ. S567. 9-44

中国国家版本馆CIP数据核字第2025SM1475号

责任编辑：贾　磊

文字编辑：王彩缘　　责任终审：劳国强　　　　设计制作：梧桐影
策划编辑：贾　磊　　责任校对：朱　慧　朱燕春　　责任监印：张　可

出版发行：中国轻工业出版社（北京鲁谷东街 5 号，邮编：100040）
印　　刷：艺堂印刷（天津）有限公司
经　　销：各地新华书店
版　　次：2025年2月第1版第1次印刷
开　　本：787 × 1092　　1/32　　印张：5
字　　数：80千字
书　　号：ISBN 978-7-5184-5257-6　定价：35.00元
邮购电话：010-85119873
发行电话：010-85119832　　010-85119912
网　　址：http://www.chlip.com.cn
Email: club@chlip.com.cn
版权所有　侵权必究
如发现图书残缺请与我社邮购联系调换
241716K8X101ZBW

本书编写人员

主　编　王爱勤（广西大学）

　　　　　何龙飞（广西大学）

参　编　吴　玉（广西大学）

　　　　　郭丽君（广西大学）

　　　　　黄静丽（广西大学）

　　　　　肖　冬（广西大学）

　　　　　任立云（广西农业职业技术大学）

　　　　　袁高庆（广西大学）

　　　　　詹　洁（广西大学）

　　　　　张平刚（广西大学）

　　　　　莫周美（广西南亚热带农业科学研究所）

　　　　　陈碧梅（广西合浦县农业科学研究所）

　　　　　吴晓宇（广西藤县农业农村局）

　　　　　胡耀松（广西藤县农业农村局）

　　　　　杜　冰（华南农业大学）

　　　　　许冬梅（广西藤县绿色田园葛业有限公司）

野葛（*Pueraria lobata*）或甘葛藤（粉葛）（*Pueraria thomsonii* Benth.）属于豆科蝶形花亚科葛属，为一年生或多年生木质藤本植物，葛根通常指它们干燥的地下块根。葛根使用历史悠久，在民间有"北有人参，南有葛根"之称，显示了葛根在中医药领域的重要地位。葛根富含淀粉和葛根异黄酮，其药用价值在《本草纲目》《神农本草经》等诸多经典医药书籍中收录，列入我国首批"既是食品又是药品的物品名单"。葛根淀粉含量高，常用于食用，联合国粮食及农业组织（FAO）预测：21世纪葛根将成为继水稻、玉米、小麦、马铃薯、甘薯之后的全球第六大主粮。因此，葛根在当前乡村振兴、大健康产业中具有重要作用，前景广阔。

葛根在国外也应用广泛，泰国野葛根含有较丰富的葛雌素和脱氧葛雌素，被视为重点保护、限制出口的国宝级植物，其提取物广泛用于化妆品、女性用品的制造等。在日本，葛根为汉方的主要药材，葛根汤为最受欢迎的汉方药之一，是仅次于小柴胡汤的临床常用药，用于治疗感冒，抑制病情发展。同时，葛根还被广泛应用于日常饮食中。韩国人也有用葛根粉制作多种食品的习惯。葛根主要产于中国、日本、韩国等亚洲国家。在我国，葛根主要分布于广西、广东、江苏、浙江、江西、湖南、湖北、四川、贵州、云南等地。葛根很早就有人工栽培，其种植历史可追溯到尧舜时期，当时人们利用葛藤制麻织布。1972年，在江苏吴县草鞋山发掘出三块制作于新石器时代、在今天看来依然技艺精湛的葛布残片，这是我国利用葛根的最早见证。然而，葛根规模化人工栽培主要从20世纪90年代开始，广西、江西、湖南、广东是人工种植主产区，其中广西粉葛种植面积在全国名列前茅。

从2011年开始，编者（广西大学薯类与中药材团队）与广西梧州市藤县农业农村局、广西藤县绿色田园葛业有限公司等单位长期合作。在国家自然科学基金、广西科学研究与技术开发计划等项目的支持下，依靠国家现代农业产业技术体系广西薯类创新团队、国家中药材产业技术体系山药桂南综合试验站等的技术力量，编者在葛根种质资源收集与保存、遗传改良与品种选育、组织培养快繁育苗、病虫害防控以及加工利用等方面开展了大量工作：选育出桂葛1号、8号、18号等品种，其中桂葛1号获得广西壮族自治区农作物登记，成为广西葛根主栽品种，推广到广西各地、广东、江西等地；建立葛根组织培养快繁技术，繁育大量试管苗在生产中应用，《粉葛组培苗质量要求》标准获批广西地方标准并发布；对葛根拟锈病菌进行鉴定，解析发病机制，建立防控技术；开发葛丁茶、葛花茶等产品，并实现转化生产等。

在葛根研究、指导企业和农户开展葛根种植加工过程中，编者发现全社会对葛根的认知不足，包括对其功效认识存在偏差、对其重要性不了解、种植管理技术滞后、加工产品种类少、副产品综合利用率低、宣传推广薄弱等问题。为此，编者结合自身研究并参考前人成果编纂了此书，旨在为广大葛根科研工作者、技术推广人员、种植户、加工企业等提供参考。

本书共五章，由广西大学王爱勤、何龙飞担任主编，研究团队专家及研究生参与编写。编写过程中，编者参阅了国内外相关领域的研究资料和成果，得到了相关领域专家的指导和帮助，在此一并表示感谢。同时，感谢国家自然科学基金（项目编号：32260680）、国家现代农业产业技术体系（项目编号：CARS-21）、国家现代农业产业技术体系广西薯类创新团队首席专家（项目编号：nycytxgxcxtd-11-01）、广西科学研究与技术开发计划（项目编号：桂科重1298001-3-1）、南宁市重点研发计划项目（项目编号：20162094）等项目的支持。

由于编者水平有限，书中难免存在谬误和不妥之处，敬请广大读者批评指正。

编者

2024年8月30日

目录

| 第一章 | 葛根概述

| 第二章 | 葛根生物学特性

| 第三章 | 葛根高质高效种植技术

| 第四章 | 葛根组织培养快繁技术

| 第五章 | 葛根加工与销售

第一章
葛根概述

1 什么是葛根

葛根（*Radix Pueraria*）又名葛、甘葛，是豆科蝶形花亚科葛属野葛（*Pueraria lobata*）或甘藤葛（粉葛）（*P. thomsonii* Benth.）的地下块根。葛为一年生或多年生木质藤本植物，其地下块根富含淀粉和葛根异黄酮，其药用价值在《本草纲目》《神农本草经》《证类本草》《中华本草》等经典医药书籍中收录，被我国卫生部列入首批"既是食品又是药品的物品名单"（2002年）。葛根在我国已有3000多年使用历史，与人参并列，民间有"北有人参，南有葛根"之称。葛根淀粉含量高，常用于食用，作为主食之一，2003年联合国粮农组织（FAO）预测：21世纪葛根将成为继水稻、玉米、小麦、马铃薯、甘薯之后的全球第六大主粮。因此，葛根在当前乡村振兴、大健康产业中具有重要作用，前景广阔。

2 葛根有哪些用途

葛根可加工为葛根粉（俗称葛粉），新鲜葛根淀粉含量为18%～25%，葛根淀粉中含有多种氨基酸和钙、铁、锌、钾等多种人体必需的微量元素及黄酮类物质，是一种营养独特、具有保健功能的天然食品，深受广大消费者的欢迎（张雁等，2003）。葛根粉用途广泛，已有加工为葛根粉凉粉草膏、葛根口服液等保健食品，还可加工成葛根饮料、面条、蛋糕、面包等。此外，葛根淀粉还可用于发酵生产乙醇（陈平等，2012）。

药理学研究表明，葛根富含葛根素、大豆苷、大豆苷元等异黄酮类物质，在抑制动脉硬化、促进血管软化、改善脑循环等方面有较高的应用潜力（李明臣等，2005；刘新民等，1997；张光成等，1997）。

此外，葛藤产草量高，富含长纤维，可加工成高档麻织品，具有很高的经济价值（彭靖里等，2000）；葛叶中含有多种氨基酸、粗蛋白质、矿物质和维生素，是天然的优质饲料，马、猪、兔、牛、羊等牲畜喜食（邹宽生，2004）。葛花有解酒护肝的作用（朱华等，2005），葛根粉提取过程中剩下的葛渣也可用作饲料、肥料，还可制成葛根纤维，具有抑菌、延缓衰老及美容保健功能（张如全等，2011）。

3 葛根的种类有哪些

葛属（*Pueraria*）植物全球35种，分布于印度至日本。《中国植物志》记载我国葛属植物包含有8个种2个变种，分别为三裂叶野葛（*P. phaseoloides*）、小花野葛（*P. stricta*）、苦葛（*P. peduncularis*）、须弥葛（*P. wallichii*）、葛（习称野葛*P. lobata*）、粉葛（*P. thomsonii*）、葛麻姆（*P. montana*）、密花葛（*P. alopecuroides*）、黄毛萼葛（*P. calycina*）、食用葛（*P. edulis*）。顾志平等（1993）报道，我国共有葛属植物11种，分别为粉葛、野葛、三裂叶野葛、食用葛、云南葛（*P. peduncularis*）、萼花葛（*P. calycine*）、蛾眉葛（*P. omeiensis*）、狐尾葛（*P. alopercuroides*）、思茅葛（*P. wallichii*）、越南葛（*P. montana*）和掸邦葛（*P. stricta*）。野葛与粉葛均被列入我国原卫生部批准的"既是食品又是药品的物品名单"和2020年版《中国药典》。该《中国药典》规定，野葛的葛根素含量不得低于2.4%，粉葛的葛根素含量不得低于0.3%。白葛根（*P. mirifica*）为泰国传统医学的主要药用正品来源，古籍记载泰葛包括白葛根、红葛根、黑葛根和么葛根四个品种（苏提达，2017）。

　　葛种同名异物及同属植物混用现象普遍，导致葛种（独立种或变种）界定存疑，加上尚未解决葛属种间系统发育关系和属下分类系统，使得葛属植物的分类一直存在争议，需要从分子遗传、形态性状演化、地理分布格局等多角度研究葛属分类问题（郑皓，2006）。

4　葛根的分布和起源是怎样的

　　葛属分布广泛，主要分布于亚热带和温带地区，是中国、日本、韩国、印度和泰国等国家的常用药，之后分布范围扩大至美洲、欧洲、大洋洲、非洲等地，中国西南地区是其起源和演化的中心。

　　中国药用葛根主要是野葛和粉葛，野葛分布范围最为广泛，除了新疆、西藏少数几个地区外，其他省份都有分布。食用葛主要分布在广西、云南和四川；峨眉葛主要分布在贵州、云南和四川；云南葛主要分布在云南、西藏和四川；越南葛主要分布在广西、广东、福建、云南和台湾地区；三裂叶野葛主要分布在台湾、浙江、广东和海南；萼花葛、狐尾葛、思茅葛和掸邦葛主要分布在云南（朱校奇等，2011）。粉葛野生于山野灌木丛或疏林中，其人工栽培区域主要分布于中国广东、广西、江西、湖北、云南等地。

5 葛根种植的历史是怎样的

　　1972年江苏省吴县（已撤销，地处江苏省东南部）发掘出新石器时期的葛布残片，表明中国早在6000多年前就已经开始利用葛根；周朝时有了织布用葛根与供食用葛根的具体区分。葛根作为中药首次出现在《神农本草经》中，被列为中品药材。2000多年前，我国古代就有人民开始采集野生葛根作为药用的相关记载（曾明等，2000）。秦汉时期，人们就开始采集野葛充饥，治病。早在隋、唐、宋、元、明、清时期，葛根粉就被视为献给皇帝的贡品，享有"长寿

粉"的美誉，在日本被视为皇室的特殊贡品（何建军
等，2011）。清同治皇帝时期《藤县志》记载，明朝
洪武八年，大将屯兵梧州府五屯千户所，开垦荒地，
种植葛根。

公元600年，葛根从中国传入日本；1876年，葛
根由日本引至美国、法国、德国等，作为观赏、饲
料、绿色植物种植。

⑥ 葛根的主要种植区域有哪些

湖北省钟祥市在20世纪70—80年代起就开始栽植
葛根，成批量地出口销售到东亚、东南亚地区，成为
我国最早将葛根作为商品出口至国外的地区。人工栽
培的葛根主要是粉葛，在广西、广东、湖南、湖北、
云南、贵州等地区有大面积种植，其中广西粉葛种植
面积在全国位列前茅。野葛和苦葛在四川等地也有少
量种植。

⑦ 广西葛根的种植区域有哪些特点

广西葛根种植面积4000多公顷，约占全国的六分

之一，主要分布在梧州市藤县和平镇、濛江镇；桂林市临桂区会仙镇、南边山镇、四塘镇，平乐县沙子镇，阳朔县葡萄镇；贵港市平南县思旺镇、官成镇、大新镇、大安镇、思界乡；玉林市容县灵山镇、容州镇；钦州市浦北县张黄镇，灵山县旧州镇；南宁市武鸣区甘圩镇，马山县乔立乡，上林县乔贤镇；来宾市象州县运江镇、中平镇、罗秀镇、马平镇，合山市北泗镇；贺州市平桂区望高镇、黄田镇，八步区步头镇；百色市田林县百乐乡；崇左市天等县上映镇，宁明县那楠乡，江州区濑湍镇；北海市海城区福成镇；柳州市融安县浮石镇，鹿寨县寨沙镇；防城港市上思县叫安镇；河池市天峨坡乡等地（黄建明，2019）。

8 葛、粉葛、葛麻姆之间有什么区别

葛、粉葛均可入药，粉葛、葛麻姆均为葛的变种。葛为粗壮藤本，长可达8米，全株被黄褐色粗长毛，茎基部木质；羽状三出复叶，叶柄长18～23厘米，顶生小叶全缘或3浅裂，宽卵形或斜卵形，叶长

10～15厘米，宽12～15厘米，先端长渐尖，基部圆形或略楔形；侧生小叶全缘或2裂，斜卵形，稍小，上面被淡黄色、平伏的疏柔毛，下面较密，小叶基部截形；小叶柄被黄褐色绒毛；托叶盾形。总状花序长15～30厘米，中部以上有颇密集的花；苞片线状披针形至线形，远比小苞片长，早落；小苞片卵形，长不及2毫米；花2～3朵聚生于花序轴的节上；花萼钟形，长8～10毫米，被黄褐色柔毛，裂片披针形，渐尖，比萼管略长；花冠长10～12毫米，紫色，旗瓣倒卵形，基部有2耳及一黄色硬痂状附属体，具短瓣柄，翼瓣镰状，较龙骨瓣为狭，基部有线形、向下的耳，龙骨瓣镰状长圆形，基部有极小、急尖的耳；对旗瓣的1枚雄蕊仅上部离生；子房线形，被毛。荚果长椭圆形，长5～9厘米，宽8～11毫米，扁平，被褐色长硬毛。花期9～10月，果期11～12月。粗厚块根长柱形，多分支、多纤维，粉性较粉葛差（图1）。葛产于我国南北各地，除新疆、青海及西藏外，广泛分布于全国其余地区。常生于山地疏林或密林中。东南亚至澳大利亚也有分布。

| 叶片 | 花序 | 托叶 |

▲ 图1 葛的形态

　　粉葛茎枝被黄褐色的短毛，羽状三出复叶，叶柄长8～17厘米；顶生小叶呈菱状卵形或宽卵形，3裂，叶长8～12厘米，宽8～11厘米，先端渐尖，基部圆形或略楔形；侧生小叶呈斜卵形，2裂，小叶长8～11厘米，宽6～11厘米，先端急尖或具长小尖头，基部截平，两面均被黄色粗伏毛；托叶披针状，背着生。花冠紫色，长16～18毫米，旗瓣近圆形。荚果长椭圆形。花期为8月底至10月初。桂葛1号在广西藤县等地种植，常不开花结果。块根纺锤形或长纺锤形，根部色白，粉性较野葛重（图2）。粉葛产于云南、四

川、西藏、江西、广西、广东、海南。粉葛生于山野
灌木丛或疏林中，或有人工栽培。在老挝、泰国、缅
甸、不丹、印度、菲律宾也有分布。块根含淀粉，供
食用，提取的淀粉称葛根粉。

植株　　　　　　　叶片正面　　　　　　叶片背面

托叶　　　　　　　块根

▲ 图2　粉葛（桂葛1号品种）的形态

葛麻姆全株被锈色粗长毛，羽状三出复叶，叶柄

长17~25厘米；顶生小叶宽卵形或菱形，小叶长大于宽，长9~18厘米，宽6~12厘米，先端渐尖，基部楔形，全缘；侧生小叶均全缘，略小而偏斜形，两面均被长柔毛，下面毛较密，先端急尖，基部圆形；托叶盾形。花序上的小花密集、荚果小而致密；花冠长12~15毫米，旗瓣圆形，与葛和粉葛差异较明显，是主要的鉴别特征。花期6~11月，果期9~11月，花期

▲ 图3　葛麻姆的形态

较长，叶片大小、花序形态颜色多变，花冠为紫色、紫红色或白色，荚果有节或无节（图3）。葛麻姆产于云南、四川、贵州、湖北、浙江、江西、湖南、福建、广西、广东、海南和台湾，多生于旷野灌丛中或山地疏林下。其在日本、越南、老挝、泰国和菲律宾也有分布。

⑨ 我国选育了哪些葛根品种

据黄建明（2019）文献查阅以及相关报道，我国选育的葛根品种不多，主要品种见表1。

表1　国内选育和种植的主要葛根品种

品种名	审定（登记）编号	育成单位或个人	报道时间	资料来源
赣饲5号	—	江西省饲料科学研究所	1997	《草地学报》
85-1号	—	柳州地区林科所	1999	《农家之友》
糯粉葛	—	柳州地区林科所	2001	《农家之友》
木生葛根	—	蒋木生	2002	《农业科技通讯》

续表

品种名	审定（登记）编号	育成单位或个人	报道时间	资料来源
绿健葛根	—	浙江省淳安县绿健农业开发公司	2003	《新农村》
宋氏菜用葛	—	江西省德兴市浑捧宋氏葛业公司	2006	《农村实用技术与信息》
湘葛一号	XPD026-2004	湖南省农业科学院等	2007	《湖南农业科学》
湘葛二号	XPD009-2012	湖南天盛生物科技有限公司	—	《百度百科》
金葛2号	—	江苏省丹阳市金葛茶场	2007	《长江蔬菜》
菜粉葛	—	—	2008	《农村百事通》
恩葛-08	鄂审菜2009006	恩施州荣宝科贸有限公司等	2009	《恩施日报》
宋氏一号药用葛	—	江西健春农业科技有限公司	2012	《农村百事通》

续表

品种名	审定（登记）编号	育成单位或个人	报道时间	资料来源
宋氏二代粉葛	—	江西健春农业科技有限公司	2012	《农村百事通》
桂葛1号	桂登薯2015001	广西大学	2015	—
桂粉葛1号	—	广西农业科学院	2017	《中国蔬菜》

作为葛根主产区，广西先后培育出了85-1号、糯粉葛等品种，但通过登记的只有桂葛1号（图4）。广西大学何龙飞教授团队通过广泛收集葛根种质资源，多年多地实验，选育出桂葛1号、桂葛8号、桂葛

▲ 图4　桂葛1号登记证书

18号品种。2017年广西农业科学院专家选育出抗病、丰产、商品性好的桂粉葛1号（欧昆鹏等，2017）。

桂葛1号：属于粉葛，小叶型品种，具有产量高、淀粉含量高、纤维含量低、皮白、清甜、薯型好、中抗病、低异黄酮含量等特点，2015年通过广西农作物新品种登记[（桂）登（薯）2015001号]，适宜菜用、加工淀粉、机械化收获。目前在广西推广种植面积已经超过20000公顷（图2）。

桂葛8号：属于野葛，肉嫩，枝条毛状体呈黄褐色，托叶呈紫蓝色，大叶型品种，叶片顶生小叶和侧生小叶为全缘、浅裂并存，叶背幼嫩时呈灰白色；花序小花蓝紫色；块根呈长柱形，具有高产、高粉、异黄酮和粗纤维含量高、对拟锈病敏感等特点，适宜食药两用、淀粉加工，但不适合机械化采收（图5）。

桂葛18号：属于葛麻姆（柴葛），枝叶毛状体稀少、短，呈浅黄色，大叶型品种，叶片顶生小叶和侧生小叶均为全缘；块根多分枝，呈辐射状，细长柱形，淀粉含量低，纤维含量高，抗寒抗病能力强，异黄酮含量高，适宜药用，不利机械化采收（图6）。

插条发芽　　　　　叶片正面和背面　　　　托叶

花序　　　　　　　　　　　块根

▲ 图5　桂葛8号的形态

叶片正面　　　　叶片背面和托叶　　　　块根

▲ 图6　桂葛18号的形态

10 如何保存葛根资源

葛根资源可采用离体保存和种植保存两种方式（图7）。

离体保存（室内组织培养）　　　种植保存（基地移栽种植）

▲ 图7　葛根资源的保存

（1）离体保存　通过组织培养技术，将不同品种资源的茎尖、茎段等，经过外植体消毒，在培养基上繁育，获得无菌苗。无菌苗在增殖培养基上繁育获得组培苗（具体方法见"第四章葛根组织培养快繁技术"）。然后，通过生长调节剂使其生长延缓，半年更换一次培养基，从而达到室内离体保存的目的，这样做省时、省空间、省人力。

（2）种植保存　每年春季，将种质资源主茎中上段带芽的茎段种植于室外的资源圃中，按照葛根常规种植管理，于收获期收获。次年，再取种质资源主茎中上段带芽的茎段种植，如此循环留种。有的品种也可以不采收，留在原地自然生长。此方法需要人工维护管理，若管理不当或不及时，可能导致葛根疯长，影响周边植物生长。此法费时、费力、费钱，需占用一定的土地面积，且长期无性繁殖，容易导致种性退化、病虫害发生。

11 **葛根有哪些营养成分**

鲜葛根含水50%～60%、含淀粉18.5%～27.5%；干葛含淀粉50%～60%、含纤维素9%～15%、含粗蛋白5%～8%、含异黄酮3%～5%。

100克的野葛去皮之后，可食用部分达90%，含硒1.22微克。野葛中铜、锌、铁含量较高。其中，铜、锌分布为葛叶＞花蕾＞葛藤＞葛根；铁分布为葛根＞葛藤＞葛叶＞花蕾（刘利娥等，2006）。

葛根多糖含量因品种和产地不同差异较大。其中，粉葛最高，其次是食用葛，黄毛葛和密花葛也较高；南方的江西、安徽、贵州野葛多糖明显高于北方的辽宁、河北（曾明等，2002）。广西葛根多糖的含量较高，而四川、福建、重庆和贵州较低（李定芬等，2009）。

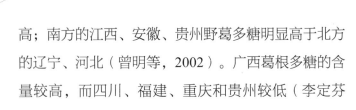 **葛根有哪些药用价值**

现代药理学研究表明，葛根中含有30多种异黄酮类物质，其中葛根素、大豆苷元和大豆苷为有效成分。葛根所含异黄酮类化合物在实验室环境中表现出抗氧化特性，其中葛根素分子结构特征使其成为代谢调节机制研究的模型化合物（张光成等，1997）。在基础医学研究中，葛根素对血管内皮功能、脂质代谢等生理指标的调节作用，为现代中药制剂研发提供了物质基础，具有较高的研究与开发价值。

2020年版《中华人民共和国药典》中明确了葛根与粉葛的功能与主治：解肌退热，生津止渴，透疹，升阳止泻，通经活络，解酒毒。用于外感发热头痛，项背强痛，口渴，消渴，麻疹不透，热痢，泄泻，眩晕头痛，中风偏瘫，胸痹心痛，酒毒伤中。

13　葛根的市场销售方向是什么

20世纪80年代，湖北钟祥市种植葛根，鲜葛大批量出口日本。广东、云南、广西是菜葛的主要消费地区，广东以及桂东南粤语片区素有用葛根煲汤的传统，有的地方甚至流传着"无葛不成席"的说法。随着消费市场的形成和相继扩大，上海、浙江、福建等地也成为葛根销售的主要去向。葛根产品大部分在国内食药保健领域扩展，少部分销售到日本、韩国、新加坡等国家以及东南亚地区，年出口日本500～600吨，出口韩国300～400吨。

日本等国家以及欧美地区由于自身资源的匮乏，每年需从中国进口大量的葛根初级加工品，当地企业再经过深加工制成价格昂贵的葛根胶囊、葛根药剂等药品和保健品，以获取高额利润（江立虹，2004）。

14　葛根的应用前景如何

中国是世界上最大的葛根生产国，也是世界上主要的葛根消费和葛根出口国。进入21世纪以来，随着生活水平的不断提升，人们对于葛根食用、药用、经济价值有了更深入的认识和挖掘，这推动了葛根消费量的不断增长，葛根产业向婴幼儿奶品、中老年保健品等市场不断延伸。据统计，有92种中成药中含有葛根，主要有感冒清热颗粒、风寒感冒颗粒、小儿解表颗粒等。使用葛根较多的主要中成药企业有华润三九（枣庄）药业有限公司、广州王老吉药业股份有限公司、北京同仁堂科技发展股份有限公司制药厂等。每年药用葛根的消耗量为7500多吨。按照我国现在的人口数量、消费能力和生产潜力来看，我国的葛根产业有着巨大的增长空间和良好的发展前景。

15 葛根枝叶有哪些用途

葛根茎、枝、叶的粗蛋白含量为20.89%～29.2%、淀粉含量为13%～20%、粗脂肪含量为2.45%～4.2%、粗纤维含量为26.55%～34.19%、灰分含量为5.91%～9.97%、钙含量为2.11%、磷含量为0.09%、无氮浸出物含量为30.39%～40.7%。其中氨基酸含量占全氮的16%，精氨酸氮占8.8%，赖氨酸氮占2.0%，组氨酸氮占4.63%；洋槐苷含量为0.17%～0.35%，还含有腺

素、天冬氨酸、谷氨酸、刺槐苷、山柰酚、鼠李糖苷
等成分。

因此,葛根的枝叶以及葛根加工后的葛渣、酒糟
等副产品可以做成青储饲料、混合饲料和发酵饲料,
作为饲养牛、羊、猪、兔等动物的优质饲料。此外,
葛藤纤维还可用来制作编物,如缆绳、地毯、壁毯、
麻绢、工艺品等,其色泽、牢固度、弹性、耐磨性均
优于丝织物,经济及实用价值更高。这不仅有效节约
了资源,降低了成本,增加了葛农收入,还大大提高
了经济效益,促进了饲料工业的发展,其产品市场前
景广阔。

16 葛根花有哪些用途

已有研究表明,野葛、粉葛及葛麻姆的花含有
35种化合物,其中异黄酮类22种、黄酮类6种、皂苷
类7种。这三种植物共有18种化合物存在差异,具体
包括葛花苷、鸢尾苷、6"-*O*-木糖鸢尾苷、黄豆黄
苷、4'-甲氧基鸢尾黄素-7-葡萄糖苷、6"-*O*-木糖黄豆
黄苷、葛花苷元、槐花皂苷Ⅲ、6"-*O*-丙二酰基黄豆

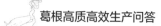

苷、次葛花苷、鸢尾苷元、芦丁、大豆皂苷BB、牡荆素、鹰嘴豆芽素A、染料木苷、葛花苷与赤豆皂苷Ⅱ（谢璐欣，2021；谢璐欣等，2021a）。

葛花苷等异黄酮成分具有解酒保肝、降血脂、降血糖、抗氧化等功效（谢璐欣，2021）；黄豆黄苷、黄豆黄素和6"-O-木糖黄豆黄苷等成分在粉葛花中的含量明显较其他两变种高，可在雌激素样作用方面进行开发（贾乃堃等，2004；谢璐欣等，2021b）。因此，葛花可制成葛花茶，发挥解酒护肝、雌激素样功效。同时，葛花颜色众多，尤其是紫色花型，具有很高的观赏价值，生长速度快，成景快，可用于家庭景观或公园景观（图8）。

▲ 图8 野葛（左）和葛麻姆（右）花序的形态

17 如何鉴别葛根粉的真假

葛根加工得到的淀粉，称为葛根粉，因其富含葛根异黄酮，价格较高。市场中的不法商贩为了赚取利润，在纯葛根粉中大量掺杂廉价的薯类淀粉，如甘薯粉、木薯粉等，导致消费者上当受骗，葛根市场信誉大打折扣。葛根粉采购市场迫切需要一种快速、准确且经济的真假鉴别技术。可通过感官鉴别（包括视觉、手感等）、颗粒大小观察、显微镜镜检等方法对掺假葛根粉进行鉴别。相比其他淀粉，葛根粉呈淡黄色，感官上具有浓郁的草药清香气味，爽口润滑、不涩口，遇唾液后迅速溶化；葛根淀粉颗粒较粗，在显微镜下，呈现截头圆形和多边形，其中多边形颗粒占比达99%以上，多为五角形，少量六角形（图9）。大部分淀粉粒提取后易黏连成直链和支链，聚集成团，其脐点细小不可见、无叉状裂缝（孙亮等，2012）。

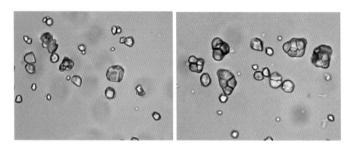

▲ 图9　葛根淀粉粒显微形态特征（400×）

18 **葛根淀粉有哪些理化特性**

粉葛淀粉以单粒为主要存在形式，颗粒呈棱角明显的多角形，少数呈卵圆形，颗粒较小，粒径范围为5～20微米。粉葛淀粉中直链淀粉的质量分数为35.7%，较难糊化，糊化温度为75℃，且达到峰值所需的时间较长。

崩解值是最高黏度与热浆黏度的差值，反映了淀粉糊在高温下耐剪切的能力，是影响含淀粉食品加工的关键因素之一。回复值是冷胶黏度与热浆黏度的差值，表示糊化淀粉在冷却过程中重结晶的能力，反映了淀粉的老化程度，与直链淀粉的含量密切相关。粉葛淀粉具有的低崩解值和高回复值，反映出在高含量的直链淀粉作用下，其淀粉分子重结晶的程度较大，热黏度稳定性较高。X射线衍射图谱显示，粉葛淀粉与葛根淀粉的晶型不同，粉葛淀粉展现出A型晶型的特征，而葛根淀粉的晶型为C型（宋志刚等，2006）。

19 葛根粉和葛根原粉有什么区别

葛根粉（通称葛粉）和葛根原粉的来源、功效、用途和口感都有所不同。葛根粉是按照传统提取工艺，将葛根表皮洗干净后打成浆汁，用水沉淀后，滤掉水分，干燥后得到的纯粉。葛根粉口感较好，质地较细腻，色白，但葛根异黄酮流失较大、含量低。葛根粉具有降血糖、降血压、抗氧化等功效，尤其适用于糖尿病患者和高血压患者食用。

葛根原粉是将葛根洗干净，去皮或不去皮，切片晒干后打成的粉。此方法得到的粉因含有葛根纤维，较葛根粉粗糙，口感没有葛根粉好，色泽没有葛根粉白，但葛根异黄酮含量高。葛根原粉具有清热解毒、润肺止咳、降血脂等功效，尤其适用于夏季食用，可

以起到解暑降温的作用。

20 葛根食品有哪些

目前开发出的葛根食品主要有葛根粉、葛全粉、葛面、葛粉丝、葛茶、葛丁、葛根切片、葛根饮料、葛根面包、葛根糊、葛根咀嚼片、葛根泥、葛根冻、葛根汁、葛根酒、葛根醋、葛根雪糕、葛根果糖、葛根酸奶、薯片、饼干、软糖、糕点、休闲膨化食品等。

21 有哪些中成药以葛根为配伍

国内目前已经开发出多种葛根药品和保健品，如葛根饮片、葛根素片、葛根口服液、葛花丸、葛根胶囊、葛根面膜等，而以葛根为配伍的中成药剂主要有：葛根素浸膏粉，用于升阳止泻，退烧，生津等；葛根芩连片，用于主治泄泻痢疾，身热烦渴，下痢臭秽，菌痢、肠炎；葛根素针剂、胶囊剂、片剂，用于治疗冠心病、心肌梗死、糖尿病、心绞痛、视网膜脱落、动静脉阻塞、突发性耳聋等；心血宁片，用于治疗冠心病、高血压、心绞痛、高脂血症等，具有通络止痛、活血化瘀等功效；愈风宁心片，用于治疗高血压头晕，头痛，颈项疼痛，冠心病心绞痛，神经性头痛，早期突发性耳聋等；消渴丸、葛根胶囊等，作为补益剂，具有滋肾养阴、益气生津的功效。

第二章
葛根生物学特性

22 葛根的根部有什么特点

葛根的根属于不定根，一般包括块根和纤维根两种。扦插苗种植后，随着侧芽的萌发和枝条生长，扦插枝条切口处会长出3～5条不定根，其中部分不定根会逐渐膨大形成块根，之后在茎节和新形成的块根上会长出许多纤维根。

块根形态因不同种或品种差异较大，如粉葛一般呈纺锤形，柴葛和野葛呈长柱形，泰国葛（白高颗）呈球形（图10）。块根表面的颜色也因品种和种植土壤不同存在差异，如黄壤土生长的葛根表皮呈土黄色，黑壤土生长的葛根表皮呈暗褐色，沙壤土生长的葛根表皮呈浅黄色。纤维根入土后也会膨大形成块根，过多的块根会导致葛根薯型小，商品性差。因此生产上必须修根，即剪去多余的块根和纤维根，留1～2条粗壮、长势好的块根，才能获得高产。

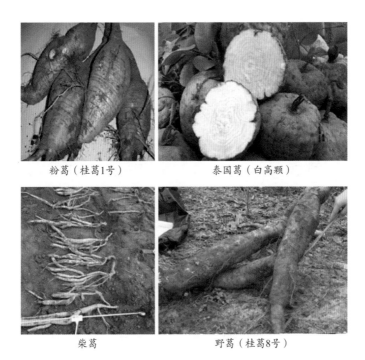

粉葛（桂葛1号）　　　　泰国葛（白高颗）

柴葛　　　　　　野葛（桂葛8号）

▲ 图10　常见的葛根块根形态特征

23 **葛根的枝叶有什么特点**

　　葛根的枝即葛根茎干，为木质藤本，圆柱形或扁圆形，包括主茎和侧枝，主茎老化时多呈灰褐色，侧枝呈深绿色；茎表面通常有皮孔和表皮毛，表皮毛颜色、长短、疏密程度因种或品种、成熟程度不同而存在差异，颜色有黄褐色、浅褐色、锈色等。

粉葛一年木质化茎基部直径较大，为10～20毫米，表面点状褐色皮孔多数；当年茎较粗，常呈扁圆柱状，直径为7～10毫米，表皮灰褐色，偶见紫黑色斑点。

野葛一年木质化茎多灰褐色至褐色，表面有多数黄褐色皮孔，当年茎直径4～5毫米，偶见紫黑色斑点；老茎节处还有不定根群环绕的膨大结节。

葛麻姆的茎直径较小，木质化茎基部为8～12毫米，当年茎为4～7毫米。茎皮上密被锈色粗长毛。

葛根的叶为羽状三出复叶，叶柄的长短，顶生小叶和侧生小叶的形态、大小以及顶生小叶的叶柄长短因种或品种不同差异较大。

粉葛叶柄长8～17厘米；顶生小叶为3裂，偶全缘，小叶叶柄长3～5厘米，大小通常在（8～12）厘米×（8～11）厘米；侧生小叶为2裂，大小（8～11）厘米×（6～11）厘米，表皮毛稀、短，呈浅黄褐色；托叶盾状，较大，常向两端翻着（图11）。

叶片正面　　叶片背面　　叶柄基部和托叶

▲ 图11　粉葛枝叶的形态

野葛叶柄长17～28厘米；顶生小叶有三浅裂和全缘叶两种类型并存，菱状卵形或阔卵形，叶片长一般为10～15厘米，宽为10～12厘米；小叶叶柄长3～8厘米，侧生小叶大小为（10～14）厘米×（8～10）厘米，常为2浅裂，偶全缘。全株密被长而硬的表皮毛，呈黄褐色。幼叶背面有银白色柔毛，成熟时呈稀疏浅黄色短柔毛；托叶包茎，盾状着生，幼嫩时呈蓝紫色，后期呈浅褐色（图12）。

不同发育程度的叶片

节部长有大量不定根的茎

插条上长出幼嫩枝条

▲ 图12　野葛枝叶的形态

葛麻姆的叶柄长15～35厘米；顶生小叶和侧生小叶呈阔卵状或卵状，全缘，小叶叶柄长3～5厘米，大小为（13～16）厘米×（8～12）厘米，托叶较小，常两端翻着（图13）。

枝条、叶片背面及花序　　　　　　叶片正面及花序

▲ 图13　葛麻姆枝、叶、花的形态

24 **葛根的花是怎样的**

葛根的花是总状花序，小花为蝶形花冠，呈蓝紫色至紫红色、白色。不同种或品种存在花序长短、数量多少、颜色深浅等差异。

粉葛的花序总柄长，大于6厘米；花梗6～8毫米，旗瓣18～22毫米，翼瓣18～21毫米，龙骨瓣20～22毫米，龙骨瓣较翼瓣稍长，花紫红色。

野葛的花序总柄短，小于5厘米；花梗6～7毫米，旗瓣14～16毫米，翼瓣15～16毫米，龙骨瓣15～16毫米，翼瓣与龙骨瓣等长，呈蓝紫色或紫色（图14）。

▲ 图14　野葛的花序及其颜色变化

　　葛麻姆在花色上出现种群渐变，以紫红色花为主，少数种质为紫红带白色旗瓣的杂色花，在一些地区还发现纯白花种质（图15）。

　　苦葛的花色粉紫色，形态与豆角相似，花序总柄短，花少而稀疏，翼瓣与龙骨瓣等长（图15）。

▲ 图15　葛麻姆（左）和苦葛（右）的花的形态

25　葛根的花期在什么时候

野葛的花期一般在6月底至9月底；粉葛花期一般在8月底至10月初；葛麻姆花期一般在9月初至10月初（谢璐欣，2021）。在不同地区花期因品种、气候等原因有差异，甚至花早落而不结实。

26　葛根的果实有什么特点

葛根的果实为荚果，有节或无节，扁平或长柱形；有些品种开花且易早落，不结果实，如粉葛和野葛，在广西种植一般9月底至10月初开花，花少，且很快就脱落，不结实。

粉葛荚果呈长椭圆形，扁平，被密黄褐色长硬毛；野葛荚果呈宽线形，扁平，被密黄褐色长硬毛（谢璐欣，2021）；葛麻姆能开花结果，花多，荚果有节或无节，扁平或长柱形，外表密被褐色表皮毛；苦葛的荚果无节，长柱形，与豆角相似，无毛，成熟时呈黑褐色（图16）。

葛麻姆荚果　　　　　　　　苦葛荚果

▲ 图16　葛麻姆和苦葛的荚果形态

27 葛根的种子是怎样的

小叶粉葛在广西种植只见开花，不结实，未见种子，而大叶粉葛、野葛、葛麻姆和苦葛均能够开花结果。野葛（图17）、葛麻姆种子呈扁圆形，苦葛种子呈圆柱形。

种子正面形态　　　　　　　　种子胚的萌发

种子侧面形态　　　　　　　　种子培养

多粒种子形态　　　　　　　　种子纵切剖面

▲ 图17　野葛种子的形态特征

28　粉葛的生长发育时期有哪些

　　粉葛的生长发育分苗期、块根形成期、块根膨大期和块根成熟期4个时期，其中块根膨大期又可分膨大初期、块根膨大中期、块根膨大后期。

29 粉葛苗期有哪些特点

粉葛苗期始于枝条扦插后的15天左右，此时，侧芽萌发至主蔓伸长10厘米左右，地上主蔓长出1~3片展开叶（图18），地下葛根扦插枝条切口长出3~5条1~7厘米长的不定根。

插条出芽　　　　　　　移栽后幼苗

▲ 图18　粉葛苗期形态特征

30 粉葛块根形成期有什么特点

粉葛块根形成期在葛根扦插枝条种植后25天左右，此时地上主蔓长约25厘米且已长出4~7片叶，地下葛根扦插枝条切口的不定根中有2～5条根开始膨大，形成白色肉质化块根。

31 粉葛块根膨大初期有什么特点

粉葛块根膨大初期是葛根扦插枝条种植后2～3个月，地上主蔓伸长50～100厘米，侧芽开始萌发，地上主蔓长出10～15片叶，地下葛根扦插枝条切口处有2～3条肉质化块根发育形成白色且开始木质化的块根（图19）。此时，需要用竹竿搭架，引主蔓上架。

植株形态　块根形态

▲ 图19　粉葛膨大初期植株及块根形态

32 粉葛块根膨大中期有什么特点

粉葛块根膨大中期是葛根扦插枝条种植后4~5个月，地上主蔓伸长超过150厘米，主蔓和侧芽伸长迅速，枝叶鲜绿色，生长旺盛，地下块根迅速伸长和膨大。此期是葛根管理最关键、最忙的时期，需要及时抹除茎基部30~50厘米长出的侧芽，并进行控梢处理；用绑带将主蔓固定在竹竿1.5~2米的位置，随后进行修根处理、施肥处理、田间除草及病虫害防控（图20）。

植株形态　　　　　　　　　块根形态

▲ 图20　粉葛膨大中期植株及块根形态

33 粉葛块根膨大后期有什么特点

　　粉葛块根膨大后期是葛根扦插枝条种植后6～8个月，地上主蔓伸长超过200厘米，主蔓和侧芽伸长缓慢，枝叶浓绿色，生长缓慢，地下块根伸长趋于停止。此期是块根积累淀粉、增加重量、体积继续膨大的时期。此时地下需要增施高钾肥，地上可喷施叶面肥，促进块根膨大和淀粉积累（图21）。

植株形态　　　　　　　　　　　　块根形态

▲ 图21　粉葛膨大后期植株及块根形态

34 粉葛块根成熟期有什么特点

　　粉葛块根成熟期是葛根扦插枝条种植后9～12个月。此时，地上主蔓叶片逐渐枯黄脱落（图22），地

下块根重量不再增加，其形状呈长纺锤形，是最佳采收期，也可以根据市场行情灵活安排采收。

植株形态   块根形态

▲ 图22 粉葛成熟期植株及块根形态

第三章
葛根高质高效
种植技术

35　**葛根种苗繁育有哪些方法**

目前普遍采用的葛根繁育方法有种子繁殖、扦插繁殖、压条繁殖、根头繁殖、组培快繁等。在广西、广东、江西、湖南、湖北等地，粉葛以扦插繁殖为主。

（1）种子繁殖　是指取当年成熟的荚果，晾干脱粒后，放置阴凉干燥处贮藏至第二年3月份播种得到的葛根苗。由于葛根种子小，数量少，饱满度不均匀，质量差，导致种子发芽率低，甚至不发芽，因此生产上应用比较少。有研究表明，通过酸蚀、热水处理（温汤处理）、液氮低温处理等处理方法，可打破葛根种皮硬导致的物理性休眠，增强种子的吸水能力和提高发芽率。

（2）扦插繁殖　在早春未萌发前，选择健康、生长1~2年的粗壮葛藤，一般选择地上高度为35~200厘米的主蔓，每一个节剪成5~8厘米的一段，切口平整，上端较短，2~3厘米，下端较长，3~5厘米；一般先在育苗床育苗，待芽萌发至5~10厘米，移栽大田；也可以直接扦插于抽槽起垄的行间。此方法繁殖集中，苗粗壮一致，繁殖快，是粉葛栽培常用的方法。

（3）压条繁殖　夏季选粗壮、无病、较老的葛藤，每隔1～2节处，把节下的土挖松，用土堆压节上，把节压于土内。生根后，待苗长高至35厘米左右，剪成单株栽植。此方法成活率高，快速、便捷、成本低，但占地多，且出苗不一致，影响大田移栽后期的管理（谭文赤，2020）。

（4）根头繁殖　冬季采挖葛根时，切下地面以上约6厘米长的根头，直接栽种。此方法繁殖种苗比较健壮，但繁殖率比较低，病虫害发生率比较高（谭文赤，2020）。

36 葛根扦插苗繁育技术是怎样的

葛根扦插苗繁育技术包括扦插枝条的选择与处理、苗床的准备与消毒、扦插育苗、遮阳及水肥管理、炼苗等环节。育苗时间一般在25天左右，待侧芽生长至8～15厘米时可以移栽大田。

37 如何选择与处理葛根扦插枝条

扦插枝条应选择生长健壮、无病虫害、35～150厘米高的葛根主蔓枝条，按照1芽1节原则，上端保留2～3厘米、下端保留3～5厘米，剪取5～8厘米长的茎段作为扦插材料，且要求切口平整。使用多菌灵与生根粉混合后的药剂，浸泡消毒10分钟，沥干水分后即可扦插备用。

38 葛根扦插苗床应如何准备与消毒

葛根扦插苗床包括苗床营养土的配制和消毒、苗床的整地两部分。

（1）营养土的配制和消毒 将复合肥、有机肥、沙子、细土按1∶1∶50∶50的比例混合，每平方米营养土施用50%多菌灵粉40克或65%代森锰锌60克，反复搅拌均匀，用薄膜覆盖2～3天；或者将营养土一层层堆放，每层20～30厘米，每平方米均匀喷洒氯化苦50毫升，最高堆3～4层，快速堆好后用薄膜盖好密闭，在20℃以上时保持10天，15℃以上时保持15天，然后揭去薄膜，多次翻动，使氯化苦充分散尽即可。

（2）苗床的整地　选择背风向阳、便于水肥管理的地块作为苗床。将地块整成畦面宽100～120厘米、沟宽30～35厘米的形状，苗床长度可根据地块实际情况进行确定。然后，将处理好的营养土均匀铺在苗床畦面上，厚度在7厘米左右为宜。

39 葛根扦插育苗的具体操作流程是什么

一般在1～3月中旬，将前期处理备用的插穗剪口下端斜插入苗床，按照（3～5）厘米×（3～5）厘米行株距的密度插入苗床中。或采用1芽1段的方式插入营养杯中，双手压实泥土。注意要将腋芽露出，不能埋在土里，腋芽眼要朝上，并及时浇足定根水。

40 如何管理葛根扦插苗

葛根扦插苗对高温、干旱比较敏感，高温、干旱不利于葛根扦插苗的发芽与成活。因此，在侧芽发芽前，需要进行一定的遮光和保湿处理，根据实际情况和条件采取不同的方法。有条件时，可以在温室大棚内进行扦插育苗，也可用竹子搭建简易小拱棚，覆盖薄膜防寒或遮阳。一般苗床应保持湿润而不积水（保持每天浇水一次），维持温度在25℃左右。15天左右侧芽开始萌发。发芽后10~15天，侧芽伸长至8~15厘米时，即可移栽大田。在此期间可不施肥或施一次氮肥。

41 葛根扦插苗移栽大田之前需要注意什么

葛根扦插苗移栽大田之前，需要为扦插苗提供一个从大棚到田间环境的适应期，因此在移栽前的3~5天，通过揭膜降温、适当控水进行炼苗。移栽尽量选择阴凉天气或者在降雨前进行，若遇上高温干旱，需要借助滴灌系统达到降温保湿的效果。

42 葛根大田种植对土壤有什么要求

葛根性喜温暖湿润，在海拔2500米以下的地区均可生长，特别喜好在年平均气温处于12~16℃、相对湿度不低于60%的背阴、温凉及潮湿坡地生长，比较耐寒、耐干旱、不耐涝。

　　葛根对土壤的要求不严，但要获得较高的产量和经济效益，则要选择条件较好的土地种植。选择土质肥沃疏松、土层深厚达80厘米、排水良好、土壤pH为6~8的腐殖质土或沙质壤土，选择每年3~5月有水源保证，而且光照资源充足的缓坡耕地或荒山、荒坡、林果园及房前屋后零星空地等地块作为种植场地。同时，要确保种植葛根用地不受工业有机废物和有害重金属元素（如铅、镉、汞等）及有毒非金属元素（如砷等）的污染。

43　葛根生长发育对温度有什么要求

　　葛根性喜温暖湿润的气候，耐寒、耐高温能力较强，葛根生长发育最合适的温度是20~30℃。葛根种子发芽最适宜温度为20~25℃，播种2~3天后胚根、胚芽突破种皮即可发芽，从而长出健壮的幼苗，根系也得以发展；当平均温度为12℃时，枝条开始萌发；块根膨大期是葛根块根形成的关键时期，25~30℃非常适合块根的形成；葛根成熟期，如每年11月，平均气温为12.3℃，日间温度在3~29℃，夜间温度在

1～12℃，较大的昼夜温差有利于葛根块根中淀粉的形成和积累，此时是葛根次生代谢产物形成及品质差异形成的重要时期。

44 葛根生长发育对水分有什么要求

葛根耐高温干旱，但不耐涝。如果湿度过高，特别是土壤水位较高时，葛根根部会出现较多皱纹，表皮的颜色会变为深棕色，表面还会长出较多纤维状的不定根而影响块根商品性。葛根生长期的水分控制很关键。苗期葛根水分需求量较少，保持湿润就能满足幼苗生长；幼苗移栽时要求一次性浇足定根水，如遇到大雨则不必浇水。葛根块根进入第一次生长高峰期时，叶片数量迅速增加，叶面积迅速扩大，根系向纵深方向快速生长，此时需水量大，应保证充足的水分，满足葛根的快速生长需要，此期间可以在沟边灌水。葛根块根进入第二次生长高峰期块根膨大期时，次生形成层等分生组织细胞分裂极为活跃，块根生长迅速，是葛根生长需水量最大的时期，缺水将造成大幅减产。通常这两个关键时期在产区有条件时，多采取在沟边灌水或滴灌浇水。葛根块根在收获前15～25天，应停止浇水，遇大雨须及时排涝，以免烂根。

45 葛根高效栽培技术的关键步骤是什么

葛根栽培生产技术包括种苗繁育、选地整地、移栽定植、田间管理、采收等步骤。关键步骤是田间管理，包括引蔓搭架、修枝剪根、控梢技术、施肥管理、病虫害防控等。

46 葛根大田种植如何整地

前茬作物收获后进行深翻整地，起垄。垄面宽100～120厘米、垄高30～35厘米，垄沟宽30厘米。在垄面按行距60～70厘米、株距40～50厘米，开挖长、宽、深均为35厘米的"品"字形种植穴（张志远，2012）。或按南北向，行距1.0～1.7米的规格要求开挖种植沟，沟深50～60厘米，沟宽50～60厘米。

47 葛根大田种植如何移栽

将炼苗3~5天的发芽枝条，淋湿苗床后从苗床上拔起，按照行距1.0~1.7米，株距35~50厘米（具体因品种不同而异），插入大田垄上，或插入营养袋中（用2.5千克装的塑料袋，装入大田土，开口施少量氮肥或复合肥后，倒扣在垄上。种植时，用小竹竿插洞后将发芽枝条插入洞中），双手压实插条周围的泥土，浇足定根水，保持湿度15天左右，新根即可长出。此时可检查成活率，及时查苗补苗。

48 葛根种植密度应该是多少

葛根种植密度因品种、地块土层厚薄等而异。一般按照行距1.0~1.7米，株距35~55厘米进行种植。粉葛每亩（1亩≈667平方米）种植800~1500株，葛种植密度为600~800株。

49 葛根大田种植如何引蔓搭架

　　扦插枝条移栽大田成活后，即可用1.5~2.0米长、口径1.5~2.5厘米的竹竿或木条插在枝条的一侧立竿，采用单竿、单排或米字型搭架的方式均可（图23）。但在风力比较大的地方，如沿海地区，为了防止刮风架子倒塌，采用拱形搭架，即用1.5~2.0米长的竹片搭成拱形。搭好架子后，用棉线一端绑住扦插枝条茎节，一端固定在竹竿1.5米或2.0米处，将主蔓缠绕在棉线上，让主蔓沿着棉线自行攀爬到竹竿1.5米或2.0米处，然后用绑绳固定在1.5米或2.0米处。或根据主蔓长度用绑绳将主蔓固定在竹竿一定位置，隔5~7天再根据主蔓生长的情况用绑绳再次固定在竹竿一定位置，直到主蔓攀爬到竹竿1.5米或2.0米处，用绑绳固定在1.5米或2.0米处。如果有条件可以用大夹子代替绑带暂时固定主蔓于竹竿上（图24）。葛根大田种植时，一般当藤蔓长到20厘米以上时，就可以进行搭架引蔓。搭架宜早不宜迟，且要确保支架插深插实，以防藤蔓重量增加时被风吹倒。

葛根拱形搭架

葛根单竿搭架

葛根单排搭架

▲ 图23　葛根不同搭架方式

▲ 图24　牵线引蔓上架

50 葛根大田种植如何修枝剪根

（1）修枝　当主蔓长至0.5～1.5米高时，侧芽开始萌发伸长，此时需要人工及时抹去茎基部侧芽。

（2）剪根　修枝后，用手和小锄头拨开扦插枝条插入土中的切口，露出3～5条不定根，选择1～2条长势好、已经明显增粗的白色块根留下，其余的根系用枝剪剪去。留下的块根暴露出来，晾晒几天后块根由白色转变成绿色，即修枝剪根完成（图25）。为了避免修根后的伤口烂根，可在修根处及其周围撒上生石灰。

▲ 图25　剪根（剪去中间弱根，留两边强根）

51　葛根大田种植如何控梢

修枝抹去侧芽的同时，用除芽通涂抹或喷施在扦插枝条茎节和主蔓0.5米以下侧芽上，抑制其再次萌芽。待主蔓长至2.0米高时，每月用多效唑喷施处理

1～2次，持续处理1～2个月，抑制顶芽生长，促进1.5米左右侧芽生长，逐渐形成蘑菇形株型，即控梢结束。

52　葛根大田种植如何施肥管理

葛根产量和品质受施肥影响大，而施肥效果又受品种、土壤、温度、湿度等影响。据报道，在广西中部和南部赤红壤条件下，粉葛产量大于35000千克/公顷、经济效益大于150000元/公顷的施肥方案为施氮量312～455千克/公顷、施磷量（P_2O_5）397～547千克/公顷、施钾量（K_2O）362～489千克/公顷（王艳等，2022）。施肥管理包括基肥、苗肥、追肥三部分。

（1）基肥　在整地之前，先施足基肥。广西葛根主产区土壤多以红黄壤土为主，基肥一般用100千克/亩有机肥、50千克/亩复合肥（N-P_2O_5-K_2O = 15：15：15）撒到地里，然后耕地起垄。

（2）苗肥　扦插苗移栽大田时，可不施肥或施少量氮肥于营养杯苗底部。

（3）追肥　待修根结束，及时进行追肥，通常追肥2～3次。第一次追肥，在6月底～7月中旬修根之后，50千克/亩复合肥（氮：磷：钾＝1：1：1）或等量的有机肥撒到两株之间、行与行之间，及时浇水淋湿，促进肥料渗入土壤中。第二次追肥间隔1个月，大约在8月中旬，75千克/亩的高钾复合肥（氮：磷：钾＝1：2：2），或者有机肥，或者硫酸钾肥，撒到地里，及时浇水浇透。第三次追肥，大约在9月中旬，在葛根膨大至1千克以上时，施用100千克/亩的高钾复合肥（氮：磷：钾＝1：2：2），或者有机肥，或者硫酸钾肥。

为了促进葛根块根的快速膨大，争取11月底前上市，获得较高利润，有些地方种植户按每月50～75千克/亩的用量施高钾复合肥，此方法可促进葛根高产，使葛根低纤维、高粉，但也导致葛根素含量极低。我们比较发现使用不同国产复合肥配施增产提质效果优于进口复合肥单施（罗亚桃等，2024），且能降低生产成本，大家可参考应用。

53 葛根大田种植会遇到哪些病害

葛根富含葛根异黄酮，抗病能力较强。但由于葛根长期无性繁殖，导致种性退化，病虫害发生逐渐加重。葛根的病害主要有拟锈病、锈病、根腐病、褐斑病、炭疽病、霜霉病、叶枯病等。对广西不同葛根产地的病虫害进行调查统计，结果如图26所示，锈病、根腐病、褐斑病占前三位。

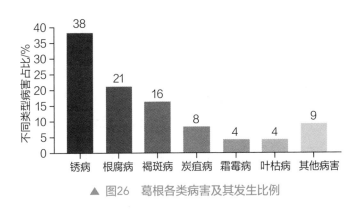

▲ 图26　葛根各类病害及其发生比例

54 葛根拟锈病是怎样的

拟锈病为广西葛根主要病害。1995年，冯岩等首先在广州粉葛上发现葛拟锈病，它是由壶菌门葛集壶菌 [*Synchytrium puerariae* (P. Henning）Miyabe] 侵染引起的一种真菌病害，是葛属植物上的专性寄生菌。我们发现该病主要为害叶片、叶柄及葛藤，其中叶片上沿叶脉处病斑最多。发病初期，在叶片叶脉周围出现褪绿黄斑，然后斑点由叶脉向外扩散，且颜色逐渐加深；随着病害为害时间的推移，病斑形成黄色泡状隆起，用手挤压，会溢出黄色液体脓状物；感病后期，泡状隆起破裂散发出橘黄色颗粒状粉末，葛根藤上被危害的部位呈肿瘤状凸起，划破会有黄色的孢子囊堆露出（图27）。受害叶片表现为黄化易脱落，叶形卷曲枯萎。受害葛藤表现为生长受阻，粗细不匀，扭曲畸形，呈瘤状。如果受害程度严重，葛根叶片、茎和葛藤会更快地枯萎死亡。拟锈病传播速度快，难以控制，如没有得到及时有效的防治，短时间内极易导致毁园，严重影响葛根的产量及品质。

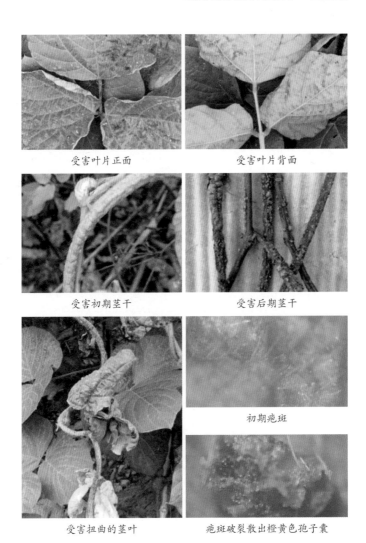

受害叶片正面

受害叶片背面

受害初期茎干

受害后期茎干

受害扭曲的茎叶

初期疱斑

疱斑破裂散出橙黄色孢子囊

▲ 图27　葛拟锈病的症状

发病规律：在广西，葛根拟锈病4～5月开始零星发生，直到12月收获期均有发生，9～10月病叶率最高，10月病情指数达到顶峰，病害严重田块的病株率可达90%～100%（图28）。发病主要是由于9～10月刮风下雨较多，湿度偏大，且田间枝繁叶茂，通风透

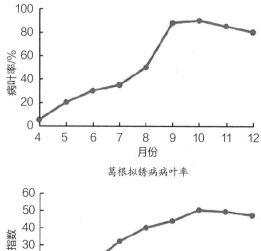

葛根拟锈病病叶率

葛根拟锈病病情指数与时间关系

▲ 图28 葛根拟锈病病叶率及病情指数与时间关系

气不良，容易形成田间郁蔽的环境，这种环境有利于病原菌的侵染、传播和蔓延。高温干旱时发病轻（潘睿扬，2020）。

55　葛根根腐病有什么特点

根腐病是由短体线虫（*Pratylenchus* spp.）和腐皮镰刀菌（*Fusarium solani*）单独或复合侵染引起的土传病害，主要危害根部。病菌可在土地中存活5～6年，借助雨水从根系或底部损伤部分侵入。广西桂林市临桂区是葛根根腐病的高发区，重茬发病率在30%～50%，较为严重的地块高达80%。目前，在广西梧州市藤县、广东梅州市平远县也有发现。

根腐病主要危害粉葛块根及茎蔓基部，可在苗期发生，也可在根系形成初期发生。在苗期感病后，根的尖端或中部表皮会出现褐色的水渍状病斑，严重时植株的根系会褐腐坏死，病株表现为植株矮小、萎蔫，生长缓慢，基部叶片出现过早变黄、脱落等现象。在块根形成期发病时，病块根的病部呈水渍状褐色斑纹。随着病情的发展，病部逐渐变为黑褐色，软腐，用手捏病块根，病部会流出汁液，如图29所示。
受害株叶片变黄，严重时枯死。一般在7至8月发病，
高温高湿、排水不良的地块更容易发病。

葛根根腐病病症

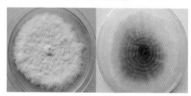

镰刀菌菌落

镰刀菌分生孢子

▲ 图29　葛根根腐病为害状及其病原镰刀菌

56 葛根锈病有什么特点

　　葛根锈病症状与拟锈病类似。该病多发生在温暖多雨的地区，对叶片的危害最大。发病初期叶片上出现极小的淡黄色或浅棕色病斑，主脉和侧脉上病斑尤为多。一段时间后病斑自然开裂，可见少量橙黄色粉状物，该黄色粉状物即病菌的夏孢子团。发病严重的叶片，可见叶面上有大量病斑，夹杂着黄色至锈色粉状物，叶片扭曲卷缩，无法正常进行光合作用，由于叶片大量蒸腾，含水量降低，最后导致叶片缓慢萎蔫，影响地下块根膨大，从而造成产量降低，如图30所示。

▲ 图30　葛根锈病为害状（左）及其细节（右）

该病无论在葛根栽培品种还是野生品种上都能发生，植株在不同生长发育时期和不同地理环境间的发病率差异较大，发病率较低时为10%左右，严重时发病率可达50%以上。

葛锈病由担子菌门的豆薯层锈菌（*Phakopsora pachyrhizi* Syd.）侵染引起。在寒冷地区，病菌以冬孢子越冬，次年冬孢子萌发产生的担子和担孢子作为初次侵染接种体侵染致病，而以夏孢子作为再次侵染接种体，借助气流传播，不断侵染致病。在温暖地区如广东、广西，病菌以夏孢子作为初侵与再侵接种体完成病害周年循环，冬孢子不产生或很少产生，其在病害循环中所起的作用并不重要。病菌除危害葛（粉葛）外，还可危害豆薯（别称地瓜、凉薯、沙葛）及毛豆（菜用大豆）等豆科作物。病菌以夏孢子在田间寄主上辗转传播危害，越冬期并不明显。通常温暖多雨的天气有利于发病，湿度是本病发生流行的决定因素。尚缺乏品种间抗病性差异的比较。

57　葛根大田种植会遇到哪些主要虫害

葛根苗期虫害主要有象甲、叩头虫、蜗牛等，块根形成期至膨大期主要虫害有蚜虫、红蜘蛛、叶螨、蛴螬、大蟋蟀、金龟子、蛀心虫、蝽象、蝗虫等。广西葛根种植中各类虫害及其发生占比见图31，红蜘蛛、蚜虫、大蟋蟀的为害最为严重。

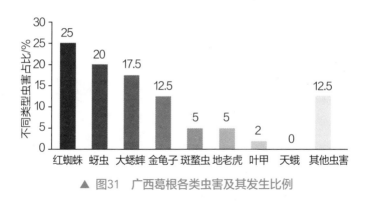

▲ 图31　广西葛根各类虫害及其发生比例

58　葛根甲虫和蜗牛的为害有哪些

葛根苗期，适逢南方地区春季多雨时节，主要虫害象甲、叶甲为害严重，主要啃食葛根幼苗嫩叶，如果不及时控制，枝条会被全部啃光，严重影响葛根枝叶生长和光合作用。蜗牛也啃食叶片，造成类似危害。

为害广西葛根的甲虫主要有：广西灰象（*Sympiezomaias guangxiensis* Chao）、蓝绿象（*Hypomeces squamosus* Fabricius）、柑橘斜脊象（*Platymycteropsis mandarinus* Fairmaire）、叩头虫（叩甲科昆虫），主要取食叶片，在严重情况下，能将葛根叶片吃光。同时，这些甲虫还取食附近的花椒、山豆根、两面针、鸡血藤、牧草等，为害作物种类多（图32）。

▲ 图32 广西灰象、蓝绿象、叩头虫、叶甲、蜗牛及其为害葛根叶片

59　葛根红蜘蛛的为害有哪些

红蜘蛛属于螨类，主要为害叶片，初期症状为叶片出现退绿斑点，大量繁殖后，红蜘蛛会在植株表面拉丝爬行，大量吸食葛根叶片营养，叶片背面出现红色斑块且较大。后期症状为叶片卷缩、枯黄、脱落等，整株叶片枯黄泛白，导致葛根减产、品质下降。5月中旬为红蜘蛛盛发期，6月至8月是全年的发生高峰期，以6月下旬至7月上旬危害尤为严重。

60　葛根紫茎甲的为害有哪些

紫茎甲（*Sagra femorata* Lichtenstein）为鞘翅目负泥虫科茎甲属昆虫，别名葛紫茎甲、曲茎叶甲。紫茎甲为害豆科植物报道较为常见，主要为害茎，在广西防城区、湖南湘西及贵州黎平地区均有发生，为一年1~2代，5月中旬雌雄成虫出现，羽化出的成虫随后进行交尾，横向啃食葛嫩茎的皮层，并产卵于啃食后形成的沟槽内，产卵后再用分泌物堵塞卵孔；约30天后，初孵幼虫钻入茎的髓部，每个虫道里有8~15头幼虫；幼虫在茎内啃食木质部和髓心，不仅直接伤

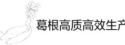

害茎组织，茎内粪便等分泌物使茎被害处形成膨大的虫瘿，破坏了茎组织结构，影响葛根生长发育（图33）。8月下旬，部分幼虫发育成类似蛴螬的老熟幼虫，并在其体外形成黑褐色的茧壳。茧内的老熟幼虫不吃不动，慢慢发育成蛹。紫茎甲的老熟幼虫或蛹在虫瘿中结茧越冬，还有一部分老熟幼虫钻入葛根根部或支撑葛藤的竹竿和其他植物（如苎麻）茎中结

紫茎甲幼虫

紫茎甲幼虫和茧

紫茎甲雌雄成虫

茎中部虫瘿

茎基部虫瘿

茎基部虫瘿纵切

▲ 图33　葛根紫茎甲幼虫、成虫及为害形成的虫瘿
（上方3张图引自李巧等，2013）

茧越冬，次年5月，这些幼虫或蛹羽化为成虫，成虫继续产卵形成下一代。在葛根生产中还发现有的紫茎甲幼虫还钻入根部，结茧越冬。紫茎甲成虫飞翔能力不强，扩散范围相对较小。

紫茎甲富含蛋白质，有很高的营养价值，对人体具有很好的保健作用。农民会把被其为害的葛藤部砍下来并挑出里面的幼虫，作为食品使用。

61 如何高效节本防控葛根病虫害

病害防控遵循预防为主、综合防治的原则，可采用抗病虫品种、轮作、清园、土壤消毒、合理密植、科学施肥、化学防治等方法，促进葛根苗壮生长，增加其抵抗病虫能力和抗逆性，降低病虫害发生的概率。

广西葛根主产区在病害防控方面积累了成熟的经验。通常在扦插育苗之前，用多菌灵溶液浸泡法，对其枝条进行表面消毒；在修枝剪根之后，配合控梢技术，在多效唑药剂中分别加入10%阿维·哒螨灵水乳剂2000倍液和2.5%高效氯氟氰菊酯水乳剂2000倍液，喷淋地上部分，可达到控梢和防止地上病虫害的效果。锈病发病初期可使用吡唑醚菌酯1000倍液和戊唑醇750倍液进行喷洒防治；也可使用15%粉锈宁1000倍液进行喷洒防治；或者使用22%嘧菌酯·戊唑醇1000倍液+苯醚甲环唑1000倍液。根腐病用50%退菌特1000倍液浸泡根头或藤蔓3~5分钟，再扦插，进行预防；用70%甲基硫菌灵可湿性粉剂800倍液灌根一次，隔7~10天一次，连续2~3次。褐斑病发病初期可用代森锌可湿性粉剂兑水稀释后进行多次喷洒。炭疽病则可对根头或茎蔓用甲基托布津可湿性粉剂稀释液浸泡5分钟后捞出晾干、扦插，进行预防；发病后可用代森锌可湿性粉剂兑水稀释后喷洒多次。叶枯病在发病前可用1∶1∶100的波尔多液喷洒多次，发病后用甲基托布津可湿性粉剂兑水稀释后喷洒多次。

害虫可采用物理防治、化学防治和生物防治。物理防治包括及时清除葛根周围的杂草和落叶以减少害虫的滋生和繁殖、进行人工捕杀、采用诱虫灯和黄板等诱杀以及引入寄生蜂、溪蟹等天敌。化学防治可用阿维·哒螨灵和高效氯氟氰菊酯喷淋根部，可有效防控地下害虫。地老虎、蛴螬等地下害虫可用1%颖壮

（噻虫嗪+联苯菊酯）于露头时沟施后覆土。葛根移栽时，提前撒四聚乙醛，可以防蜗牛。生物防治主要是引入害虫天敌，如瓢虫、草蛉等昆虫都是红蜘蛛的天敌，它们能够捕食红蜘蛛，从而起到控制红蜘蛛数量的作用；还可以利用微生物制剂来防治红蜘蛛。

　　此外，葛根有甜味，老鼠特别爱吃，要注意鼠害防治。生产者可采用围栏+陷阱捕鼠器灭鼠技术以及杀鼠剂技术进行防控。围栏+陷阱捕鼠器灭鼠技术是对于鼠密度较高的农田，在春播或插秧前沿田边（或田埂）设置长60米的线形TBS（L-TBS）、孔径≤1厘米的金属网围栏，按直线方式固定，围栏地上部分高45厘米，埋入地下的深度为15厘米，每5米设置一个捕鼠器（连续捕鼠笼或捕鼠桶），共12个。每个捕鼠桶上部直径25～30厘米，下部直径30～35厘米，桶高50～55厘米，底部留4个直径小于0.5厘米的圆孔，使桶内雨水能够渗出。紧贴围栏与捕鼠器平齐地面剪一长宽约5厘米的洞口，连续捕鼠笼或捕鼠桶开口朝向相反的方向。一般按面积200亩左右田块设置1个60米TBS围栏即可有效防控害鼠，TBS围栏设置的时间为整个作物的生长期。杀鼠剂技术可选用第一代（杀鼠醚、杀鼠灵等）或第二代（溴敌隆、溴鼠灵、氟鼠灵等）抗凝血杀鼠剂成品毒饵，根据鼠密度范围采用一次性饱和投饵，在鼠密度5%~10%的区域，每亩投放毒饵100~200克，鼠密度更高的地区，宜酌情加大投饵量，具体的投饵量可按鼠密度值，每10%密度使用200克计算。采用抗凝血杀鼠剂灭鼠时应配备专用解毒剂维生素K_1。还可采用具有灭杀和不育作用的雷公藤甲素成品毒饵灭鼠，每亩投放100~200克。对于鼠密度持续较高的地区，可采用不育剂莪术醇成品毒饵与化学杀鼠剂成品毒饵配合使用，每亩同时投放化学杀鼠剂毒饵100克、不育剂毒饵100克，以化学杀鼠剂杀灭降低播种前鼠密度，减少对作物出苗的影响，利用不育剂控制鼠害繁殖，降低出生率，进而实现鼠害可持续控制（农业农村部，2023）。

　　常见葛根病虫害化学防治时期和方法见表2。

表2　常见葛根病虫害化学防治

病虫害类型	防治时期	防治方法
拟锈病、锈病	全生育期	25%敌力脱乳油3000倍液、15%三唑酮可湿性粉剂稀释1500倍液，连续喷2～3次，隔10～15天喷施一次。70%托布津+75%百菌清（1：1）1000～1500倍液，或40%三唑酮多菌灵1000倍液，或40%多硫悬浮剂600倍液多次喷施，可兼防炭疽病
根腐病	育苗期	种苗预处理，修剪好的种苗用2.5%咯菌腈100倍水溶液浸种苗，或用6.25%的精甲·咯菌腈（亮盾）100倍液浸2～5分钟，然后晒干备用。或用退菌特稀释液浸泡根头或藤蔓5分钟后再种植。在种苗扦插完成后用2000倍的瑞苗清（30%恶霉灵·甲霜灵水剂）喷施
叶斑病	全生育期	30%吡唑醚菌酯悬浮剂1500倍液、70%代森锰锌可湿性粉剂500倍液，喷施2～3次，隔10～15天喷施一次
霜霉病	全生育期	30%吡唑醚菌酯悬浮剂1500倍液、600～800倍25%的甲霜灵可湿性粉剂，喷施2次，间隔10～15天

续表

病虫害类型	防治时期	防治方法
枯萎病	全生育期	1000倍的1%申嗪霉素悬浮剂、150～200倍的2%农抗120水剂、1.5%多抗霉素水剂200～300倍液灌根部，连续灌4次，间隔为10天
红蜘蛛	幼虫期	采用99%矿物油200倍加1.8%阿维菌素2000倍，或加5%噻螨酮乳油1500倍液，或加43%联苯肼酯悬浮剂2000倍喷施；7天防治一次，连续防治2～3次，多种药剂交替使用
金龟子	幼虫期	1000倍的90%敌百虫晶体喷雾或3000倍的50%吡蚜酮可湿性粉剂喷施
地老虎	1～3龄幼虫期	按照土：药为50：1的比例撒施80%敌百虫粉剂、用1000倍的90%敌百虫晶体或1%苦参碱可溶性液剂的1000～1500倍液淋根来毒杀
粉蚧	发生初期	1000倍的2.5%菜喜悬浮剂或3000倍的50%吡蚜酮可湿性粉剂喷雾
蜡蝉	发生初期	用2000倍的1.3%苦参碱水剂或用1000倍的90%敌百虫晶体或2500倍25%噻虫嗪水分散粒剂喷施

续表

病虫害 类型	防治 时期	防治方法
紫茎甲	幼虫期	用大型兽用注射器将800倍的90%敌百虫晶体液或者300倍的40%辛硫磷乳油注射入虫瘿，毒杀幼虫
斜纹夜蛾、毒蛾	2龄幼虫期	20亿多角体包涵体（PIB）/毫升的棉铃虫核型多角体病毒悬浮剂1500~2000倍喷雾或500倍苏云金芽孢杆菌（Bt）乳剂（100亿孢子/毫升）或将0.3千克的苏云金芽孢杆菌8000国际单位（IU）/毫克可湿性粉剂兑水30千克制成喷雾喷施

62 葛根内生菌资源及其生防效果如何

我们从桂葛8号、桂葛17号、桂葛18号根系、根瘤、扦插茎段中共分离得到183株内生菌株。内生菌的数量分布表现出品种差异及部位差异。16S rRNA分子鉴定结果显示，这些内生菌隶属2门4纲7科18属。其中芽孢杆菌属占31%、假单胞菌属占25%、土壤杆菌属占17%、肠杆菌属占10%、根瘤菌属占6%，为优势菌属。从183株细菌中筛选得到102株具有分泌嗜铁素能力、

48株具有溶解无机磷能力、96株具有产蛋白酶能力、56株具有产纤维素酶能力、8株具有产几丁质酶能力的菌株。发现葛根品种生防菌种类和数量关系：桂葛18号＞桂葛17号＞桂葛8号（黄小茜等，2023），与田间实地调查结果一致（潘睿扬等，2019）。以水稻纹枯病、烟草赤星病、黄瓜枯萎病病原菌为指示菌，对183株内生细菌进行平板对峙实验，筛选出6株内生菌抗水稻纹枯病病原菌、13株内生菌抗烟草赤星病病原菌、7株内生菌抗黄瓜枯萎病病原菌。其中菌株1801JK53、1802JK149、1700JK184对三种指示菌表现出较强的抑菌活性，抑制率皆可达到50%以上（黄小茜等，2023）。

经16S rRNA分子水平鉴定，1801JK53、1700JK184为洋葱伯克霍尔德菌（*Burkholderia cepacia*），1802JK149为贝莱斯芽孢杆菌（*Bacillus velezensis*）。三种菌株的发酵液对指示病原菌均表现出抑制作用，对水稻纹枯病抑制效果最好，抑制率均达到40%以上。其无菌发酵液中的主要抑菌物质非蛋白质类，而是主要溶于乙酸乙酯的脂溶性代谢物（黄小茜等，

2023）。这些结果表明葛根内生菌丰富，有的内生菌具有抑菌作用，推测可能对葛根病害有防控作用。

63　葛根田间杂草有哪些，如何防控

我们对广西葛根产区田间杂草进行调查，发现田间杂草主要有三叶鬼针草、青葙、香附子、蟋蟀草、少花龙葵、狗肝菜、野苋、牛筋草等，其中香附子、蟋蟀草、牛筋草危害严重。通常用草甘膦、乙草胺喷施可有效防控，但香附子、蟋蟀草难以清除，需在苗期至葛根膨大初期喷施除草剂，之后人工及时拔除地下根和匍匐茎。

64　葛根可与哪些作物间套种

采用高-矮作物搭配方式，不仅能有效提高土地资源利用率，充分利用光、热、水等自然资源，还能创造更高的经济效益。已有研究表明葛根可与花生（于琴芝等，2022）、天麻（刘林等，2020）、幼龄果树（于琴芝等，2021）、栾树大苗（葛志功，2017）、节瓜（陈耿等，2010）、杨梅（杨亦灿，

2010）、玉米（张英俊等，2006）、西瓜（陶火君等，2004）及其他蔬菜等间种栽培，还可与花生、莪术、生姜、山奈（沙姜）多种作物套种（粟发交，2010），这些方式可显著提高单位面积土壤利用率，增加经济效益（图34）。

间种莪术   间种生姜

▲ 图34　粉葛间种

65　葛根最佳采收时间是什么时候

　　根据用途、地区等不同，葛根采挖的时间也不一样。作为药用，一般种植2～3年采挖，作为食用，可当年或次年采挖。一般来说，葛根的采收期在立冬到次年清明，即公历11月之后，随着叶片逐渐变黄，此时葛根已经进入一个休眠期，淀粉含量达到最大值，品质最好。广西平南、藤县及周边地区的农民一般在春季种植，在12月到次年1月底或2月初采收，大规模的采收持续2个月左右。广西临桂地区采收葛根分为两个时间段，第一阶段主要是8月底至9月初，第二阶段是12月左右，和藤县相似。临桂地区分阶段采收葛根，第一阶段采收主要是为了填补因贮藏葛根空缺而带来的菜葛市场空白，抢占市场，获取更大的经济效益。之后会根据中秋和国庆等节日需求，选择天气良好的日子，对葛根进行适当的采挖，以供应市场。

66　葛根如何采挖

通常先收地上35~150厘米长的主蔓藤条茎段，捆成捆后放置一边，盖膜保湿或置于阴凉处堆放；其次，收竹竿，捆成捆后放置一边，清理地里剩余的枝叶；最后，人工或挖沟机采挖。

采挖方式有人工采挖和小型钩机采挖两种。对于生长在山坡、房前屋后的野葛和粉葛，主要是人工采挖，采收工具有铁锹、铁镐和枝剪等，一般两人协作进行深挖。以块根外表完整，没有机械损伤为佳，因为表面的破损容易在贮藏运输过程中霉变腐烂，失去食用价值。广西临桂地区为了获得更高的收益，采用一年两收，即在公历8月底至9月初采收两个块根中较大的一个，或者是挖除生长密度大的植株中斜生的块根，最后留一根小的，然后小心覆土，让其继续生长，最后一起采收。对于种植粉葛面积较大的公司、合作社，通常采用小型钩机进行集中采收。

67 葛根产量有多高

葛根产量与品种、种植条件、栽培管理关系密切。目前广西主栽品种是广西大学选育的桂葛1号，该品种已在广西各地广泛种植，并推广到广东、云南、贵州等地，在广西多地及广东平远进行了多年多点规范化种植，产量一般在2000~4000千克/亩。此外，选育出的桂葛8号、桂葛16号和桂葛18号系列品种中，桂葛8号在广西梧州市藤县、崇左市扶绥县等地种植，产量可达3000~4500千克/亩。

68 葛根如何储藏

鲜葛根的主要储藏方法有三种：第一种是普通贮藏法，将鲜葛根平置于离地10厘米木板上，保持阴凉、干燥、通风；第二种是冷藏法，将鲜葛根置于仓库冷藏，温度为1～5℃；第三种是土埋法，将鲜葛根横或竖摆放在新鲜而且带有沙质的黄泥上，再按照一层黄泥、一层葛根的方式堆叠起来，黄泥变干时，要喷水保湿。为了缓解葛根收获的季节性和市场需求的常年性供需矛盾，广西藤县有全广西最大的葛根储藏基地，主要的储藏方法为"土埋法"，此方法在当地称为"养葛"，不仅成本低，能够长时间贮藏，而且能够保持葛根新鲜。

广西藤县一般选择外表完整、白皮带须、质量好的葛根进行贮藏，用未经过污染的干燥新鲜黄泥沙土进行掩埋贮藏（图35）。土埋法又有两种形式，即横堆、竖堆，由于土地资源有限，竖堆方式逐渐增多，要经常喷水，保持相对湿度在55%～65%。

▲ 图35　葛根土埋法竖堆储存

因葛根含淀粉较多，葛根干片宜用双层无毒塑料薄膜袋包扎紧实，放在装有生石灰、明矾或干燥锯木屑、谷壳等物的容器内，并置于通风干燥处，注意避免其虫蛀、回潮、变质、霉烂。

69 鲜葛根可储藏多长时间

鲜葛根采用普通贮藏法时，可贮藏的时间短，30天左右发霉率达到10%，水分、淀粉、总异黄酮等下降迅速，品质劣变明显，不适合长期存放；冷藏法贮藏130天左右，发霉率为10%，淀粉含量明显下降，总异黄酮变化不大，效果最好，但成本高；土埋法贮藏80~150天，发霉率10%，淀粉、总异黄酮、水分等变化不大，成本低，综合效果好。广西藤县和平镇用土埋法藏葛可长达5个月。

70 葛根及其产品是否有农药残留

葛根是木质藤本植物，生长快速，生产上不可避免使用农药以及化学调控剂来控制地上部分徒长，用农药防治地上、地下病虫害。那么生产出来的葛根是否安全呢？为此，研究人员进行了除芽通对葛根、粉葛侧芽的抑制效应的研究以及对产量和品质安全性的评价（李发活等，2021）。结果表明，除芽通处理后，均显著抑制葛根侧芽萌发和伸长，以16.5克/升高质量浓度处理控梢效果最好，其抑芽率达87.36%～89.61%；收获期块根二甲戊灵检出值为0.053毫克/千克，低于食品叶菜类最低检出值0.1毫克/千克标准，这证明葛根是绿色安全的。研究人员于次年3月进行枝条扦插试验，发芽率达90%以上，与对照差异不显著，说明该农药残留量不影响第二年枝条扦插繁殖效果。

71 葛根种植成本是多少

　　葛根种植成本主要包括地租、整地、种苗、肥料、农药、竹竿、人工及运输等。普通农户和规模种植在成本这一块的主要区别在于肥料种类与数量、地租以及人工支出。根据潘胜尧（2022）调查和成本核算，普通农户种植葛根成本为4490～5190元/（亩·年），规模种植成本为3880～4355元/（亩·年）（表3）。

表3　葛根种植成本及其构成

支出项目名称	单价	数量	农户种植成本/（元/亩）	规模化种植成本/（元/亩）	备注
地租	100元/亩	—	—	100	—
种苗	1.5元/株	300～400株	450	400	扦插苗
	3元/株	300～400株	1050	875	根头苗
竹竿（含运费及插竿费）	1元/根	300~400根	350	300	—
基肥	1元/千克	75千克	300	200	复合肥
	1元/千克	110千克	440	350	有机肥
整地	—	—	1800	1100	—
种植人工费	—	—	150	150	—
追肥	1元/千克	90千克	360	280	—
第二年施2次肥	1元/千克（复合肥）	80千克	320	250	复合肥
	1元/千克	80千克	320	250	膨长肥
管理费用	—	—	—	500	—
每亩合计			4490～5190	3880～4355	—

72 鲜葛根市场价格如何

根据市场需求，鲜葛根按照大小、形状、成色、完整性分为四个等级，收购价格不同。一级品：单株质量为2～10千克，外表光滑、没有损伤的大块根，俗称"大柴"，收购价格在4.2～4.5元/千克。二级品：单株质量为1.25～2千克，外表完整、形状好看，块根略小于"大柴"的一类葛根，主要用于藏葛，收购价格在3.6～4.2元/千克。三级品：单株质量1.25～1.5千克，外表有损伤，但是形状还可以，为了防止其腐烂变质，可立即投入市场，一般来说这类葛根用于立即供应广东的广州、佛山和广西的南宁、贵港、梧州等地市场，岭南粤菜系中有用葛根煲汤的传统，收购价格在3.0元/千克左右。四级品：单株质量0.15～1.25千克，形状小、外形较差、不适于投放市场的一类葛根，主要用于加工成切片、葛根丁、葛根粉、葛根面等，收购价格在0.4～2.6元/千克。

除了受到市场波动的影响之外，鲜葛作为菜葛，其价格受需求和季节影响较大，表现出规律性较强的月度走势（图36）。临桂、平乐、兴宾等桂东北地区

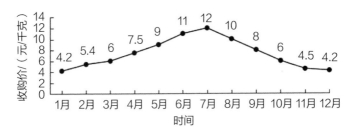

▲ 图36　菜葛小批量收购价格月走势
（引自黄建明，2019）

受到市场价格的影响，会提前采收一株中的较大一根
（0.75~1千克），在7月份上市，以填补因温度过高
导致藏葛出货完毕的市场空档期。广西7月菜葛收购
价可达12元/千克，8月降低到10元/千克、9月为8元/
千克。直到公历年末，鲜葛大量上市之后，葛根价格
趋于稳定，波动幅度减小，品质良好的菜葛收购价维
持在4元/千克左右。

　　此外，葛根的收购价格在月份之中还会受到周
末、节日以及突发事件的影响。

葛根高质高效生产问答

73 种植一亩葛根的利润有多少

以广西粉葛为例，在正常气候条件下，标准化、产业化种植，1年采收，块根的产量2500千克/亩，按照三年平均价格4.26元/千克计算，每亩产值10650元，扣除平均成本3850元（种苗400元、竹子400元、基肥200元、机耕130元、复合肥1000元、滴灌80元、农药200元、除芽通40元、地租800元、人工600元），每年每亩葛根规模化种植利润达6800元左右，为规模效益较高的经济作物。

74 目前葛根种植存在什么问题

尽管葛根是规模效益较高的经济作物，但目前葛根的种植存在以下主要问题，如品种混杂、种性退化、优良新品种少，种植管理技术要求高、过程较繁杂、人工成本高、机械化程度较低、精深加工产品缺少、价格波动大，这些影响了种植积极性。同时，部分粉葛达不到药典要求，无法入药，不能实现其应有的价值，也影响了葛根产业的健康发展。

75 如何破解目前葛根种植成本高的问题

在品种方面，要加强新品种选育和老品种的提纯复壮，推广使用脱毒快繁组培苗；栽培技术方面，需要加强轻简栽培技术及种植标准的研究，集成推广水肥一体化、控梢与病虫害防控同步、机械化整地和采挖、土壤改良、间套种等技术，推动规模化种植；在加工方面，加强精深加工，开展副产品综合利用，提高附加值；打造品牌，建设产地仓，利用电商渠道，拓展销售等，从而达到节本增效的目的，保障葛根产业健康可持续发展。

第四章
葛根组织培养
快繁技术

76 葛根组织培养快繁技术是否成熟

早在1999年，于树宏等开展了野葛的培养和植株再生的研究；2001年，李玲等成功诱导野葛愈伤组织与不定芽分化；2004年，陈刚等以野葛不同器官来源的外植体为材料诱导愈伤组织，建立起悬浮细胞培养体系；2004年，王义强等也建立了野葛愈伤组织诱导与不定芽分化体系；2007年，王胜利等利用粉葛茎尖作为外植体，成功建立了粉葛组织培养快繁技术，获得粉葛组培苗；2013年，马崇坚以火山粉葛嫩枝作为外植体，初步建立了火山粉葛组织培养快繁技术，获得粉葛组培苗。我们在前人研究的基础上，成功获得桂葛1号和桂葛8号组培苗，在广西藤县推广示范，较当地扦插苗增产28%。因此，到目前为止，葛根组织培养快繁技术基本成熟，可应用于工厂化育苗，组培苗较扦插苗表现出明显增产、优质、抗病等优势。

77 葛根组织培养外植体宜用哪个部位

一般选择健康植株枝条，可在春季温室大棚内扦插枝条，种植后枝条新长出20厘米左右时，剪取茎尖、嫩枝、幼叶作为葛根组织培养外植体。

78　外植体如何处理容易获得无菌苗

一般取茎段1～2厘米用毛刷轻刷干净，用洗洁精溶液浸泡后，再用流水冲洗，置于75%酒精中处理20秒，再置于0.1%升汞中处理8～12分钟。处理完成后移到超净台上，用40～50℃的无菌水浸泡清洗1分钟左右，连续清洗3次，再用无菌滤纸吸干外植体表面的水分，即可进行接种。

79　葛根无菌苗增殖的配方是什么

通过利用无菌苗或无菌种子的不同部位进行微扦插，大量扩繁丛芽苗，再诱导芽苗生根，就可获得大量组培试管苗。不同种类和组织来源外植体使用配方不同。粉葛诱导愈伤组织的培养基可使用1/2MS（植物组织培养常用的培养基，包含植物生长所需的大量元素、微量元素、有机成分等）+6-苄氨基腺嘌呤（6-BA）0.7毫克/升+萘乙酸（NAA）0.1毫克/升+蔗糖15克/升+琼脂7克/升，不定芽的培养基可使用

1/2MS+噻苯隆（TDZ）2.0毫克/升+NAA 1.0毫克/升+水解酪蛋白（CH）50毫克/升+蔗糖15克/升+琼脂7克/升（廖宇娟，2020）。茎尖是诱导愈伤组织的最佳外植体，最佳诱导培养基为MS+6-BA 0.3毫克/升+NAA 0.02毫克/升+2,4-二氯苯氧乙酸（2,4-D） 0.3毫克/升，愈伤继代的最适增殖培养基为MS+6-BA 1.5毫克/升+NAA 0.5毫克/升。

对于野葛，王义强等（2004）报道，幼叶愈伤组织诱导的最适培养基为MS+ NAA 1.0毫克/升+6-BA 1.0毫克/升，其诱导率为75%；茎段愈伤组织诱导的最适培养基为MS+NAA 1.0毫克/升+6-BA 3.0毫克/升+吲哚-3-乙酸（IAA）0.2毫克/升，其诱导率为70%。在光培养条件下，茎段愈伤组织诱导分化不定芽的平均诱导率为66.7%。魏世清等（2006）报道，野葛茎尖分生组织在MS+2,4-D 0.5毫克/升培养基上启动诱导愈伤组织，在MS+6-BA 0.5毫克/升+NAA 0.5毫克/升继续诱导，愈伤组织诱导率高，繁殖能力旺盛。在MS+6-BA 1毫克/升培养基上愈伤组织分化率100%，生长能力较强。洪森荣等（2008）报道，野葛叶片愈伤组织的最佳出芽培养基为MS+NAA 1.0毫克/升+6-BA 3.0毫克/升，茎段愈伤组织的最佳出芽培养基为MS+NAA 0.5毫克/升+激动素（KT）2毫克/升，光照培养更有利于野葛叶片和茎段愈伤组织芽的再分化；野葛叶片愈伤组织再生芽生根的最佳培养基为MS+NAA 0.5毫克/升+多效唑（PP333）0.5毫克/升，而野葛茎段愈伤组织再生芽生根的最佳培养基为MS+NAA 0.5毫克/升+PP333 3.0毫克/升。于树宏等（1999）报道，成熟叶片幼嫩的茎段最适诱导愈伤组织配方为MS+NAA 1.0毫克/升+6-BA 3.0毫克/升，丛生芽的诱导与增殖最适培养基分别为MS+6-BA 2.0毫克/升+AgNO$_3$ 4.24克/升。

桂葛8号和桂葛18号可选择健康植株枝条的茎段1~2厘米，用毛刷轻刷干净后，用洗洁精溶液浸泡后再用流水冲洗，置75%酒精处理20秒、0.1%升汞处理8~12分钟，移到超净台上，用40~50℃的温水无菌水浸泡清洗1分钟左右，连续清洗3次，再用无菌滤纸吸干外植体表面的水，进行接种。茎段增殖配方：MS+6-BA 0.5毫克/升+ 2,4-D 0.1毫克/升，直接进行芽

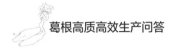
的萌发生长，然后再切段，进行微扦插，繁殖大量组培苗。葛麻姆的种子也可以进行灭菌处理，接种到培养基上，种子萌发，生长成幼苗，进行切段和微扦插，繁殖大量组培苗（图37）。

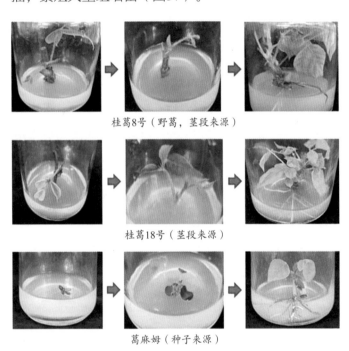

桂葛8号（野葛，茎段来源）

桂葛18号（茎段来源）

葛麻姆（种子来源）

▲ 图37 桂葛8号、桂葛18号、葛麻姆组培试管苗产生过程

80 葛根组培苗生根壮苗的配方是什么

适合粉葛组培苗生根的培养基为1/2MS+NAA 1.0毫克/升+吲哚乙酸（IBA）0.5毫克/升+6-BA 0.5毫克/升+香蕉泥40克/升（廖宇娟，2020）；诱导野葛不定根的最适培养基为MS+NAA 1.0毫克/升，诱导野葛壮苗的最适培养基为MS+PP333 1.0毫克/升。魏世清等（2006）报道，野葛不定芽在MS+NAA 0.1毫克/升培养基上诱导生根率达60%。于树宏等（1999）报道，野葛丛生芽最适生根配方为MS+对氯苯氧乙酸（4-PU）0.5毫克/升。桂葛8号、桂葛18号和葛麻姆的组培苗接种到生根培养基1/2MS+6-BA 0.5毫克/升+NAA 1.0毫克/升+IBA 0.5毫克/升+30克/升蔗糖+琼脂8克/升+活性炭0.2克/升诱导生根，形成再生植株，用于炼苗移栽。

81 葛根组培苗移栽成活的关键技术是什么

葛根组培苗移栽成活的关键技术包括组培苗的质量、培养基质、遮阳及水分管理等环节。根据编者的研究，出苗前先用4%蔗糖溶液处理一个月以促进生根壮苗，放置培养室外炼苗3天，开盖炼苗1至2天，洗去培养基后，用沙土与黄壤土按1∶1的比例混合，或腐殖土、蛭石和有机肥按2∶1∶1的比例混合作为培养基质，遮光处理，通过喷灌或滴灌保持湿度，组培苗移栽成活率达到93%（何钰莲，2019）（图38）。

组培苗移栽　　　　　　　　组培苗成苗

▲ 图38　组培苗移栽与成苗

82 粉葛组培苗应达到哪些质量要求

基于多年葛根组培研究的结果，我们制订了粉葛组培苗的广西地方标准（DB 45/T 2551—2022《粉葛组培苗质量要求》），将粉葛组培苗分成一级、二级、三级，组培苗质量要求应符合表4。组培苗出瓶至少达到三级苗的要求。营养杯苗也分成一级、二级、三级，质量要求应符合表5。营养杯苗出圃至少达到三级苗的要求。

表4　粉葛组培苗的等级

项目	级别		
	一级	二级	三级
植株高度/厘米	≥7	5~7	3~5
茎粗（直径）/毫米	≥2	1.5~2.0	1.2~1.5
不定根数/条	5~10	3~7	2~5
叶片数/张	5~9	3~5	2~3

表5　粉葛营养杯苗等级

项目	级别		
	一级	二级	三级
植株高度/厘米	≥15	10~15	8~10
茎粗（直径）/毫米	≥3	2~3	1.5~2
不定根数/条	≥6	4~6	3~5
叶片数/张	9~13	7~9	5~7
病虫害情况	无检出或观察到葛根拟锈病、根腐病、褐斑病、炭疽病等病害		

83 葛根组培苗与扦插苗的种植效果有什么不同

葛根组培苗与扦插苗相比，具有生长快、抗病能力强、块根商品性好、产量高等特点。在广西梧州市藤县、南宁市隆安县等地示范推广，组培苗比扦插苗分别增产28%和33%。

第五章
葛根加工与销售

84 国内外葛根加工开发现状如何

葛根作为传统的药食两用植物，最初主要分布在亚洲（如中国、泰国、日本、印度等国家），之后传播范围扩大至美洲、欧洲、大洋洲、非洲等地。

（1）日本 从13世纪开始种植葛根，并提取淀粉作为食材（Shurtleff et al.，1977），江户时期，葛根已经被编入日本的药典之中，称之为"Pueraria root"（Maesen，1985）。由于国土面积小，葛根资源匮乏，日本主要从中国和泰国及其他国家进口葛根原材料的半成品，深加工成为葛根系列食品、葛根保健药品等出口到欧洲、拉美等地区，因此日本的葛根加工制品生产成本高，售价相对较高（上官佳，2012）。在葛根加工方面，日本是世界上较早提炼葛根黄酮的国家，如葛根素等，将葛根素制作成治疗心血管疾病的药物，将含有类黄酮物质的葛根粉作为加工葛根食品的原材料。

在葛根的精深加工方面研究较多，全粉加工以及葛根素提炼工艺较为完善。利用超微粉碎技术改善葛根全粉的成分和功能，使其全粉粒径变小、长链结构发生变化，达到可溶性纤维含量上升、膳食纤维降低的目的，并用这种工艺制作龟鳖粉、凉茶、水果粉等（谢冬娣等，2019）。研究人员发现日本葛根淀粉为C型结晶，晶度值在35.7%～38.6%，其晶度值区别于不同国家和地区的葛根淀粉，如韩国等（Van Hung et al.，2007）。葛根类食品成为日本最为畅销的保健品之一，葛根粉被取名"长寿粉"，作为日本皇室的贡品。在民间社会，葛根类饮料、口服液、葛根面包等在日本都非常畅销，葛根羹、葛蔻酱几乎成为日本老人和产妇生活中的必备食品（唐春红等，2002）。此外，日本还开发出了葛根冰淇淋、葛根冻、葛根粉丝、葛根罐头、葛根汤等一系列葛根营养系列产品。

20世纪50—60年代，日本著名天然药物化学家就从野葛中分离出了20多种异黄酮类化合物和淀粉（徐燕，2003）。1999年，日本熊本大学的金城在葛花中发现其主要成分，并将其命名为"Kakkalide"，这种成分具有解酒和保护肝的功效（Kinjo et al.，1999），此后，日本熊本大学的野田稔私和福冈大学的金城顺英也分别对葛根花的解酒成分和机制进行了论证；目前葛根的解酒作用仍是日本以及美国的主要基础研究方向之一。21世纪初，日本对于传统汉方药《伤寒论》中的药理作用和临床试验进行了相关的研究，分别对于所含有的7味生药的成分及功效进行分析，对于《葛根汤》的儿科、妇科等临床应用进行阐述（闫冬梅，2002）。

在处理葛根加工所剩余的残渣过程中，日本还将这些残渣制作成鱼类和牲畜养殖的饲料等，充分挖掘延伸产业链，构建综合开发利用体系。但日本对葛根种植领域研究较少。

（2）泰国　泰国野葛根（*P.Mirifica*）主要分为三种：白高颗(*P.candollei*)、黑高颗(*Mucuna collettii*)、红高颗（*Butea superba*），其中主要以白高颗最为出名，白高颗也被称为泰国葛，主要生长在泰国西部、北部、东北部海拔300～800米的清迈等地的森林地区，是泰国特有的珍稀保护植物（刘向前等，2017）。研究表明，白葛根中的异黄酮含量是一般的黄豆类制品的一百多倍（Jungsukcharoen et al.,2014）。泰国传统药书有葛根作为更年期妇女重要药用保健品的记载。此外，白葛根还具有增强体能、增进食欲、缓解睡眠障碍、安神和促进胸部发育、抗高血压、抗心血管疾病、抗肿瘤、抗氧化、防止骨质疏松、改善生殖系统功能和神经系统健康等功效。

在基础研究方面，为了避免混淆，区分白高颗、红高颗、黑高颗三个品种，泰国威里亚卡伦建立了分子生物学鉴别方法（Wiriyakarun et al., 2013）。白高颗真正区别于其他葛根品种之处主要在于其含有脱氧葛雌素和葛雌素，它们具有促进女性荷尔蒙分泌，美容养颜、抗衰老等作用（刘向前等，2017）。然而，葛雌素和脱氧葛雌素含量极低，每100克白高颗干燥粉末中仅能提取2～3毫克。同时，白高颗的异黄酮类化合物含量普遍高于其他葛根品种，且其在夏季的含量明显高于冬季（Cherdshewasart et al., 2007）。

在产品开发方面，中国的葛根传统入药一般切成块状制成中药饮片进行煎服，泰国则更多的是把葛根打碎成粉末状夹拌蜂蜜或者其他泰药做成丸剂。现代泰国在葛根产品炮制工艺以及药品、食品、化妆品等

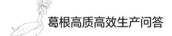

产品开发方面都有深入研究。在药品开发方面，泰国食品和药品管理局已经批准了约50种含有白葛根成分的药物制品合法生产，这使大量的白高颗固体提取物被制成保健品、药用胶囊等（苏提达，2017）。在食品开发方面，白高颗还被制作成饼干等食品；在化妆品开发方面，白高颗液体提取物则用来加工成为润肤霜、乳霜、眼胶等，深受女性的喜爱。

尽管对白高颗的药理作用和化学成分的研究不断深入，白高颗类产品得到了广泛的推广，但是目前泰国的葛根产业也遇到了一定的发展瓶颈。由于原材料产量偏低，传统的白高颗品种的种植已经不能适应市场的大量需求，这成为制约泰国葛根产业发展的重要因素。为此，改良白高颗品种、优化葛雌素和脱氧葛雌素的提取分离技术对于泰国葛根产业的发展具有重大的意义。

（3）美国　美国从1876年的美国费城园艺博览会开始从日本引进葛根种植，前期主要作为牲畜饲料、观赏植物引进；1916年美国奥本大学研究人员发现，葛根还可以作为有效的绿肥。于是为了防止水土流失，美国对种植葛根的农民进行补贴，每种植1英亩（约0.4公顷）可以得到政府的8美元的补贴；在1935年到1950年，葛根由于大量疯长，并且没有天敌，所以迅速扩张，1940年仅得克萨斯州的种植面积就不少于20万公顷。物种入侵严重影响了美国南部本土其他植物的正常生长，20世纪60年代美国农业部开始把葛根定义为外来入侵物种，限制葛根的传播（Duke et al.，1981）。

在基础研究方面，现代美国主要致力于葛根生态影响和其药理作用的研究，尤其重视葛根素提取技术以及雌激素药效方面的研究；希克曼等认为葛根入侵美国加大了臭氧污染程度，加大了一氧化碳的排放（Hickman et al.，2010）；赵等认为改性的葛根淀粉颗粒与辛烯基琥珀酸酐（OSA）结合可作为食品的乳化剂（Zhao et al.，2017）；近年来葛根中的异黄酮类化合物的抗氧化和抗衰老作用已经成为美国基础研究领域的一大热点，并且通过相关研究进一步开发出抗衰老的产品（Guerra et al.，2000）。

在产品的开发上，美国主要将葛根提取物中的异黄酮类化合物用于高端的生物医药、保健食品领域；将牛奶与葛根冻结合，供特殊病人使用等。但是在葛根食品类的研究开发较少，这主要是由于葛根在美国一直被视为不受欢迎的植物，而且美国人普遍没有食用葛根的习惯，这些因素在一定程度上限制了美国葛根产业的发展。

（4）德国和法国　德国主要将葛根作为观赏植物，法国主要把葛根当作造纸和提取淀粉的原材料（苏提达，2017）。

（5）尼日利亚　尼日利亚等把葛根种植作为一种增强农田土壤肥力、提高玉米产量的手段。南非地区主要把葛根当作绿肥和牲畜的饲料。

（6）巴布亚新几内亚　巴布亚新几内亚采集葛根碾碎用于分娩相关功效的药物（Paijmans et al.，1975）。

85 广西葛根主要加工企业分布在哪儿，有哪些产品，市场情况如何

广西目前有注册登记的葛根加工企业200多家，主要集中在贵港、梧州、桂林、南宁等地，这些地区的加工企业数量约占总数的65%，加工时间为12月到次年3月的葛根大批量收获期。加工企业主要集中在当地的葛根产地周围，如梧州市藤县主要在和平镇、濛江镇，贵港市平南县主要在思旺镇、官成镇，绝大多数企业加工中药饮片、葛根丁等初级加工品，加工企业整体水平较低、规模较小，很多是一些小作坊式的加工企业；加工货源主要来自当地及藤县等葛根产地，产品主要销售给药厂的中间商，或者运送到玉林中药港等集散地进行销售。

广西葛根加工食品主要有葛根粉、葛全粉、葛面、葛茶、葛丁、葛根切片、葛根饮料、葛根面包、葛根酒、葛根糊、葛根咀嚼片、葛根泥、葛根冻、葛根汁、葛根醋、葛根雪糕、葛根果糖、葛根酸奶、葛根饼干、葛根糕点和葛根休闲膨化食品等，药品和保健品主要有葛根饮片、葛根素片、葛根口服液、葛花

丸、葛根胶囊、葛根面膜等。

86 葛根粉的加工工艺流程是怎样的

葛根粉是块根经清洗、去皮、打浆、沉淀、过滤、干燥等主要工艺加工而得的颗粒状产品，一般每10千克鲜葛块根可提取1千克葛根粉（龚丽霞，2022；王修明，2017）。出粉率因品种、田间管理、加工技术、设备而异，以广西藤县桂葛1号粉葛为例，一般出粉率15%~20%。

87 葛根原粉的加工工艺流程是怎样的

加工企业以不去皮及须根的葛根为原料，通过清洗、切片或切粒，再经过护色、灭酶、漂洗、干燥、二级粉碎，最后包装制成葛根全粉成品（兰雪萍等，2012）。一般葛根丁折干率为37%~42%。

88 葛根茶的加工工艺流程是怎样的

葛根茶具有清热解毒、开胃消食、降血压、抗氧化、改善血液循环、解酒等功效。葛根多个部位都可以制作成葛根茶，如块根切成薄片，烘干，可以煮水，当茶饮；也可以利用嫩梢按照茶叶制作方法制成葛藤茶；还可以将葛花收集，烘干，制成葛花茶。目前市场上的葛根茶主要以块根、葛根蔸（紧贴地面的老茎与块根连接的增粗部分，即原来的扦插枝条）切成片、丁，经过烘烤，发酵，再烘干而成。葛根蔸富含葛根黄酮和异黄酮，直接切片成为中药饮片，可与不同药材配伍成不同保健品、中成药，也可作为葛根茶和葛根饮料的原材料（柴芳，2016）。

葛根饮片作为药材，主要由野葛（或柴葛）、粉葛的干燥块根制成，这些块根在秋、冬采挖，除去外皮，截段或再纵切两半或斜切成厚片，干燥而成（王蕾等，2011），置通风干燥处贮存，防蛀。按《中国药典（2020）年版》规定，按干燥品计算，粉葛的葛根素含量不低于0.3%，野葛不低于2.4%。

89　葛藤茶的加工工艺流程是怎样的

葛藤茶是以葛根10～30厘米长的嫩枝叶为材料，切成3～5厘米小段，按照茶叶制作工艺，130℃烤炉杀青3～5分钟，取出晾10～20分钟后，放置碾揉机碾揉20～30分钟，取出晾开，放60℃烘箱烘干，取出晾凉即可装袋保存。

90 一个小型葛根粉加工厂的建设成本是多少

一个葛根加工厂的建设主要包括厂房建设和购买仪器设备，在广西一个100平方米小型葛根加工厂的建设成本约为26万元（表6）。

表6 一个小型葛根加工厂成本分析

项目名称	单位	数量	单价/元	投资额/元
加工厂房建设	平方米	100	2000	200000
清洗池	套	1	5000	5000
切片机	台	1	1000	1000
打浆机	台	1	1000	1000
造粒机	台	1	500	500
烘干机	台	1	3000	3000
沉淀池	套	1	10000	10000
晒干场	平方米	50	200	10000

续表

项目名称	单位	数量	单价/元	投资额/元
废水处理设施	平方米	50	600	30000
合计				260500

91 100千克鲜葛根可以产出多少千克葛根粉、葛根茶、葛根丁、葛根片

100千克的鲜葛可以生产15~20千克的葛根粉，或者37~42千克的葛根茶、葛根丁或葛根片。

92 葛根加工产品的利润大概是多少

葛根全粉批发价在80~120元/千克，成本约在40元/千克，利润在40~80元/千克。根据色泽品质的不同而有差异，一般野生葛根全粉的价格比粉葛全粉价格高。

葛根茶、葛根丁、葛根切片的加工厂批发价在14~20元/千克，即14000~20000元/吨，减去人工及设备、原材料损耗等成本价在7~9元/千克，利润在7~11元/千克，即7000~11000元/吨。

葛根高质高效生产问答

93 葛根主要的香味成分是什么

气味是药材质量与品种评价的重要依据。提高产量和品质、保持葛根原有香气成分和进行产品深度开发是葛根加工产业急需攻克的技术难题，也是提高葛根市场竞争力的关键。通过对消费者购买葛根产品的主观影响因素调查统计，发现有48%的消费者在选购葛根产品时更注重产品的香气，27%的消费者注重产品的形状，13%的消费者注重产品的色泽，8%的消费者注重产品包装，在这些因素中，注重产品香气的消费者比例最高（周雪嫄野，2018）。

石方刚等（2020）对梧州市藤县和桂林市临桂区两个产地的葛根进行香气成分分析，发现香气物质共有42种，其中醇类15种、酯类3种、醛类12种、酮类3种、酸类3种、烃类6种，醇类与醛类是鲜葛香气的主要成分，其中最主要的呈香物质为正己醇、顺-3-己烯醇与正己醛，其中正己醇具有特殊的嫩枝叶气息，在藤县葛和临桂葛中的相对含量分别为52.05%和53.21%。藤县葛和临桂葛各自鉴定出41种和40种挥发性香气成分，总相对含量分别为93.28%和95.80%，

3,3-二甲基辛烷在临桂葛中没有检测到。

组培苗生长的葛根比扦插苗生长的葛根多检测出了相对含量为0.86%的(E，E)-2,4-己二烯醛、0.74%的香叶基丙酮和0.46%的甲基庚烯酮，在一定程度上丰富了葛根的香气。

当年11月和次年1月采收葛根各自鉴定出38种和41种挥发性香气成分，它们的醇类和醛类化合物的总含量分别占80.10%和90.36%，而且前者的正己醇、顺-3-己烯醇和正己醛均明显低于后者。次年1月采收葛根还检测到桉叶油醇和香叶醇。因此，次年1月采收葛根的香气品质优于当年11月采收葛根。

94 葛藤枝叶有何营养价值，葛藤茶香气成分有哪些

研究表明，葛藤枝叶每1千克干物质含19.47兆焦能量、代谢能7.70兆焦、消化能8.54兆焦；粗蛋白28.9%，粗纤维21.7%（邵兰兰等，2012）。因此，葛藤枝叶可整株或切短饲喂牛、羊等牲畜，也可粉碎或打成浆汁后拌糠麸喂食鸡、鸭等家禽。我们利用葛藤10～30厘米嫩枝叶按照茶叶加工流程制备的葛藤茶，

采用固相微萃取（SPME）与气相色谱-嗅闻-质谱联用技术（GC-O-MS）相结合的SPME-GC-MS-O分析技术，共鉴定出63种挥发性香气组分，包括脂肪醛、脂肪醇、脂肪酸、脂肪酮、脂肪酯、芳香族化合物、萜烯类化合物、吡嗪、吡咯等含氮杂环和呋喃酮等含氧杂环化合物。其中39种挥发物对香气有贡献，呈现烘焙香、坚果香、蜜甜香、青鲜香、果香、焦香、柑橘香、酵香和木香。2-甲基丁醛、苯甲醛、糠醛、甲基吡嗪、糠醇、2-乙酰基呋喃等炒制过程中形成的美拉德反应产物是烘焙香气、坚果香气、豆香和焦香的主要贡献组分；苯乙醛、香叶基丙酮、反式-β-紫罗兰酮、α-紫罗兰酮等是花香、蜜甜香的主要贡献组分；辛酸甲酯、乙酸甲酯是果香的主要贡献组分；香叶醇、环柠檬醛、癸醛、藏红花醛是柑橘香、木香的主要贡献组分；丁酸、乙酸、辛酸、壬醛等挥发酸是酸香、酵香的主要贡献组分。

茶汤中检出的香气物质在种类和数量上少于干茶中检出的香气物质，未检出吡嗪类烘焙香气成分，但新增壬醛、己醛、2,3-戊二酮等呈清香、奶甜香、柑橘香等明快香气韵调的脂肪醛酮醇类香气物质。枝中含有的香气物质数量最多，有20种，其次是叶18种，茎最少，有7种。不同品种茶汤样品分析结果显示，桂葛8号样品茶汤香气物质种类最为丰富，共检出23种，其次是桂葛5号为15种，桂葛20号为14种，桂葛6号和桂葛11号均为6种。

95　葛根加工过程中，主要的香味成分是否会变化

　　研究表明，不同加工方式会影响葛根主要的香味成分。鲜葛全粉香气成分中正己醇相对含量为51.77%，而在热风干燥和真空干燥全粉中正己醇分别仅占0.11%和0.10%，在冷冻干燥全粉中则未检测出。顺-3-己烯醇在鲜葛全粉的香气成分中占6.92%，而在3种全粉中均未检出。正己醛在鲜葛根香气中相对含量为22.88%，热风干燥、真空干燥、冷冻干燥葛根全粉的正己醛的相对含量分别为27.92%、27.89%、33.21%，增加了清新的果香，弱化了原本尖锐的青草气息（石方刚等，2020）。因此，推荐企业使用冷冻干燥工艺。

96 葛根储藏过程会影响主要香味成分吗

研究发现，不同储藏方式对葛根主要香味成分种类、含量都产生较大影响。从鲜葛、架空贮藏、低温冷藏和土埋贮藏后的葛根中分别鉴定出41种、39种、41种和40种挥发性香气成分，总相对含量分别为94.33%、70.72%、84.39%和80.28%，主要香气成分醇类和醛类化合物总量分别占91.3%、67.74%、81.01%、74.95%，三种贮藏方式下葛根的正己醇、正己醛、顺-3-己烯醇含量均低于鲜葛根（图39）。与鲜葛相比，三种贮藏方式的葛根全粉的香气相对含量均有所下降，低温冷藏相比架空贮藏和土埋贮藏，可以更好地保留葛根香气成分种类和含量。

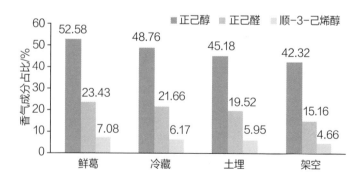

▲ 图39 不同贮藏方式葛根三种主要香气成分含量变化

97 葛根纯露如何制备，其抗氧化活性如何

　　纯露，又称水精油，是在提炼精油时分离出来的一种100%饱和的蒸馏原液，它是和精油一起生产的伴生品，成分天然纯净，香味清淡怡人。葛根纯露的制备过程如下：以葛根、葛花、葛藤枝叶为材料，利用低温冷提取热泵干燥机进行操作。首先，将葛根切粒，然后把切好的葛根粒装入不锈钢推车，再将推车送入低温冷提取烘干房。接着，启动低温干燥系统，此时热盘管冷凝器系统吹出热风，使得葛根中的水分蒸发，与此同时，冷盘管蒸发系统产生冷量，可编程逻辑控制器（programmable logic controller，PLC）能够自动追踪露点温度，从而将葛根蒸发出来的蒸发水（纯露、细胞液）凝结成冷凝水。这些冷凝水进入纯露收集盘，再通过自动收集水泵抽到纯露收集桶储存。经过不断循环，在得到原味干葛根粒的同时，能够收取到葛根纯露。

　　研究表明，从葛根丁、葛花、葛藤获得的纯露含有总黄酮和正己醇、顺-3-己烯醇、正己醛香味成分，具有一定的抗氧化活性，抗氧化活性大小表现为葛根

纯露 > 葛藤纯露 > 葛花纯露。

98 葛根渣的成分有哪些，如何利用

葛根渣是葛根提取淀粉后的剩余废弃物，鲜葛根渣的含水率高，容易腐败变质，产生异味，从而污染环境。葛根渣中的主要成分因葛的品种、来源、加工用途等的不同而存在差异（陈慧等，2023），不仅含有淀粉、蛋白质、氨基酸、还原糖、脂肪、膳食纤维等丰富的营养成分，还含有黄酮类及多糖类化合物等多种生物活性成分，直接废弃会造成资源浪费。因此，充分挖掘葛根渣的利用价值，不仅可避免葛根渣资源的浪费，还能减少环境污染，实现良好的社会和环境效益。葛根渣可用于制备膳食纤维及葛根纤维，如制成曲奇饼干（梅新等，2015）、保健食醋（陈清婵等，2018）等，促进肠道蠕动，增加粪便体积，减少便秘发生的概率；葛纤维可用于生产纺织品，以及洁白柔软、韧性好、不易破裂的纸张（金绍黑，2001）；可提取葛根渣中黄酮类物质，应用于医药与化妆品领域，如护肤品、葛根素制剂（Zhao et al.,

2021；Mo et al.，2022）；还可提取多糖物质，培育多种食用菌的优质菌材原料（孟文文等，2014；王勇等，2014）；葛根渣可作为饲料添加剂或发酵产蛋白饲料，或者开发出中兽药，用于养殖业（蒋黎明等，2024）；葛根渣还可以用于土壤修复、废水处理、热解气化、生产沼气、堆肥等（戴璐等，2010；王星敏等，2015）。

99　葛根加工存在的主要问题是什么，如何解决

（1）葛根加工存在的主要问题如下：

①深加工产品少，综合利用率低。目前主要的葛根加工产品为葛根粉、葛根面、葛根茶、葛根酒等食用类产品，高附加值的药用产品葛根胶囊、葛根药片以及化妆品、养生保健产品等很少。葛根叶、葛根花、葛根藤、葛渣等未得到充分利用。

②环保压力大，废水处理难。葛根粉的生产过程中，会在分离机和沉淀池中产生大量的废水，增加企业的环保压力。

③企业规模小，厂房空置率高。葛根加工类企业规模偏小，几乎都是中小型加工企业，加工能力不高，技术设备条件都不完善，生产工艺未能实现质的突破而抢占高端市场，很多小企业生产方式还是以传统的加工方法为主，速度慢，产品转化率低，产品质量不稳定。同时，加工企业一般在葛根收获季节利用厂房，平常空置较多。

④缺乏标准，存在安全风险。由于产地、品种、种植管理差异，不同来源粉葛品质差异大，加上葛根种植、加工分散，而且有关葛根种植、加工标准少，产品质量控制和检测跟不上，导致药食混用，有的达不到药材标准，产生安全问题。

⑤管理水平不高，缺乏高素质人才。葛根企业主要集中在葛根产地周围区域，大多葛根加工企业是家族式企业运营模式，企业管理者的素质参差不齐，制度化管理理念不强（黄建明，2019）。

（2）解决对策如下：

①加强产品研发，提高综合利用率。鼓励和引导企业、高校、科研院所建立合作关系，组建葛根新型

高附加值产品研发团队，加强精深加工产品研发，开发富含葛根素等异黄酮类物质的高端化妆品、生物制药、保健医疗药剂胶囊等。用葛叶养殖豆天蛾，其幼虫可用于喂牛或养兔，葛渣用来种植香菇、制作鱼类饲料等。

②提高生产工艺水平，回收废渣废水再利用。

③采用先进检测设备，完善检测标准。

④发展龙头企业，提高厂房利用率。采用契约合同、资产融资、股份合作等多种经营模式建设龙头企业；将企业建设与乡村振兴、产业结构改革等结合起来，发挥企业的带头作用；促进产学研结合，加大科研投入，提升科技含量。发展多元化加工，挖掘企业加工潜能。

⑤加强管理培训，加大人才引进力度（黄建明，2019）。

100 葛根销售存在什么问题，如何解决

（1）葛根销售存在的主要问题如下：

①市场价格波动，种植效益不稳定。葛根的市场

价格受到市场供需平衡、自然灾害、病虫害等因素的影响，可能降低至1元/千克，且葛根种植户多数为散户，龙头企业、合作社与农户的利益联合机制不紧密，种植收益不稳定。

②品牌创建滞后，产品知名度低。葛根产业尚未打造出领军企业，大多葛根产品局限于当地市场，宣传效率低，产品销量较低。

③以次充好，扰乱葛根市场。葛根产品缺乏相应的行业标准和地方标准，导致葛根产品出现以次充好现象，质量无法保证，这降低了消费者对产品的信任，进而影响销量。

④销售渠道落后，网售覆盖面不广。葛根产品没有固定的销售渠道，商品上架率低，产品售卖率低，葛根企业电子商务平台覆盖面不广。

⑤未充分开发国内国际市场。葛根产品在国内主要以鲜葛的形式售往粤港澳大湾区、云南、广西等地区，而北方市场基本处于空白状态。出口到日本、韩国、新加坡、澳大利亚等国家的葛根产品以葛根初级产品为主，葛根产品在国际葛根产业市场中处于底端，这

导致国际市场未能得到充分开发（黄建明，2019）。

（2）针对上述存在的问题，从以下5个方面解决：

①加强产品研发，拓宽葛根应用途径。

②探索产业融合，提升综合效益。提高葛根产业与第二第三产业融合度。由政府主导，构建农业、林业、财政、环保、旅游多部门的联合协调机制；拓宽融资渠道，鼓励银行等金融机构放宽对葛根加工企业的贷款条件；强化公共服务，建设良好的交易环境。

③打造葛根品牌，完善质量管理体系。从产地、消费群体、消费心理等方面对品牌定位卖点；从记忆简单、创新独特、具有联想性等方面定位品牌名称，以突出品牌价值和理念；从重点人物、图像、声音、地理信息等方面定位品牌标志；构建葛根相关企业的高效运营战略。政府建立规范的葛根产品质量标准体系，为葛根产品的发展提供政策、技术、服务等支持。

④拓宽销售渠道，提升网络平台覆盖面。

⑤挖掘国内空白市场，抢占国际高端市场（黄建明，2019）。

参考文献

1. 柴芳. 葛根的功效和食用方法[J]. 中华养生保健, 2016(6):2.

2. 陈耿,黄谨荣,彭荣锋. 节瓜和粉葛套种技术要点[J]. 广西热带农业,2010(6):50-51.

3. 陈慧,何绍浪,王馨悦,等. 葛渣综合利用研究进展[J]. 江西农业学报,2023,35(9):162-168.

4. 陈平,蒋世翠,雷燕,等. 药用植物葛的研究进展及综合开发利用[J]. 海峡药学,2012,24(9):25-27.

5. 陈清婵,朱六云,张琴,等. 利用葛根渣酿醋工艺研究[J]. 中国调味品,2018,43(10):113-117.

6. 戴璐,张琨,李峻志,等. 葛根渣栽培的食用菌营养和重金属研究初报[J]. 中国食用菌,2010,29(2):37-38.

7. 葛志功. 辽西地区栾树大规格苗培育技术与蝙蝠葛套种栽培技术[J]. 南方农业,2017,11(21):35-37.

8. 龚丽霞. 基于代谢组学的葛根粉的安全性评价研究[D]. 南昌:江西中医药大学,2022.

9. 顾志平,连文琰,陈碧珠,等. 中药葛根资源的调查研究[J]. 中药材,1993(8):13-14.

10. 何建军,梅新,陈学玲,等. 我国葛根产业的开发思路[J]. 农产品加工(学刊),2011(12):104-105.

11. 何钰莲. 桂葛1号组培苗移栽关键技术研究[D]. 南宁:广西大学,2019.

12. 洪森荣,尹明华,邵兴华. 野葛叶片和茎段高频再生体系的建立[J]. 植物研究,2008,28(4):458-464.

13. 黄建明. 广西葛根产业现状及发展对策研究[D]. 南宁:广西大学,2019.

14. 黄小茜,陈翰,李发活,等. 广西葛根内生细菌的分离鉴定及其促生特性[J]. 微生物学通报,2023,50(5):2017-2028.

15. 贾乃堃,袁其朋. 高纯度大豆黄苷及大豆黄素的制备[J]. 大豆科学,2004(1):11-14.

16. 蒋黎明,肖蔷薇. 一种以葛根渣为原料的猪饲料及其生产方法[P]. 湖南省:CN201310519094. 9,2015-10-21.

17. 江立虹. 葛根开发现状及前景分析[J]. 中国林副特产,2004(6):59-60.

18. 金绍黑. 葛的开发应用前景诱人[J]. 农村实用工程技术,2001(12):28.

19. 兰雪萍,张晓宁,吕远平. 葛根全粉茶的加工工艺[J]. 食品工业科技,2012,33(24):339-342.

20. 李定芬,杨玉琴,张丽艳,等. 不同产地葛根多糖的含量测定[J]. 微量元素与健康研究,2009,26(4):25-26.

21. 李发活,李金妮,黄鑫芦,等. 除芽通对葛根、粉葛侧芽的抑制效应及产量和品质的安全性评价[J]. 中药材,2021,44(1):19-22.

22. 李明臣,李贵海. 中药葛根地上部分的研究进展[J]. 中国药房,2005,15:1197-1199.

23. 李巧,陈锋,胡颖超,等. 湘西地区葛根害虫紫茎甲危害规律剖析[J]. 吉首大学学报(自然科学版),2013,34(1):93-96.

24. 廖宇娟. 粉葛离体快繁技术体系构建[D]. 贵阳:贵州大学,2020.

25. 刘林,邓友军,封海东,等. 房县"红天麻"等与粉葛套种栽培技术[J]. 现代园艺,2020,43(13):89-91.

26. 刘向前,李海峰,徐立. 泰国野葛根研究进展[J]. 四川解剖学杂志,2017,25(1):30-34.

27. 刘新民,肖培根. 中药现代化是21世纪中药发展的必然 [C]//中国中医药学会博士学术研究会筹委会. 97中医药 博士论坛:中医药现代研究与未来发展. 中国医学科学 院中国协和医科大学药用植物研究所，1997:3.

28. 罗亚桃,吴玉,吴晓宇,等. 不同复合肥对粉葛产量和品质 的影响[J]. 大科技,2024(7):139-141.

29. 梅新,施建斌,蔡沙,等. 葛渣曲奇饼干的研制[J]. 粮油食 品科技,2015,23(5):27-31.

30. 孟文文,黎金锋,姚晓华,等. 葛根渣栽培糙皮侧耳配方筛 选试验[J]. 中国食用菌,2014,33(6):29-31.

31. 欧昆鹏,张尚文,苏宾,等. 葛新品种桂粉葛1号的选育 [J]. 中国蔬菜,2017(11):75-77.

32. 潘睿扬. 桂葛系列品种拟锈病病害调查及药剂防治初探 [D]. 南宁:广西大学,2020.

33. 潘睿扬,袁高庆,何龙飞,等. 桂葛系列品种拟锈病病害调 查[J]. 广东农业科学,2019,46(12):83-88.

34. 彭靖里,马敏象,安华轩,等. 论葛属植物的开发及综合利 用前景[J]. 资源开发与市场,2000(2):80-82.

35. 上官佳. 葛根全粉制备工艺研究及品质分析[D]. 长沙:

湖南农业大学,2012.

36. 邵兰兰,赵燕,杨有仙,等. 葛根异黄酮、淀粉的提取及葛产品开发研究进展[J]. 食品工业科技,2012,33(6):452-455.

37. 石方刚. 葛根香气成分分析及提高葛根市场竞争力的对策研究[D]. 南宁:广西大学,2020.

38. 石方刚,蒋顺红,何龙飞,等. 植物香味影响因素及其副产品研究进展[J]. 农业技术与装备,2020,363(3):12-15.

39. 宋志刚,王建华,王汉忠,等. 粉葛淀粉的理化特性[J]. 应用化学,2006(9):974-977.

40. 粟发交. 贵港市春花生、沙姜、粉葛间套种栽培技术[J]. 现代农业科技,2010(16):93-97.

41. 苏提达. 泰国与中国主要葛根品种的对比研究[D]. 北京:北京中医药大学,2017.

42. 孙亮,杜威,周敏,等. 葛根淀粉的鉴别方法研究[J]. 中国卫生检验杂志,2012,22(5):1151-1152.

43. 谭文赤. 葛根高产栽培技术[J]. 新农业,2020(1):22-23.

44. 唐春红,陈琪. 国内外葛根营养保健功能的研究与开发现状[J]. 中国食品添加剂,2002(6):56-58.

45. 陶火君,孙刚,丁授华,等. 葛—西瓜套种高产栽培技术[J]. 中国农技推广,2004(6):35.

46. 王蕾,王刚,饶箐,等. 葛根茶加工工艺研究[J]. 食品与发酵科技,2011,47(6):96-99.

47. 王星敏,张渝文,李鑫,等. 一种复合酶催化活化葛根废渣制备铁基磁性活性炭的方法[P]. 重庆市:CN201310592772.4,2015-07-29.

48. 王修明. 葛根采收贮藏及加工方法[J]. 农村新技术,2017(3):52.

49. 王艳,许振欣,何明慧,等. 氮磷钾配施下赤红壤区粉葛的肥料效应及产量和品质研究[J]. 核农学报,2022,36(9):1869-1877.

50. 王义强,唐隆平,蒋舜村,等. 野葛愈伤组织诱导与不定芽分化[J]. 经济林研究,2004,22(1):19-21.

51. 王勇,江新华. 葛根废渣栽培鸡腿菇优质高产技术研究[J]. 食用菌,2014,36(6):40-41.

52. 魏世清,张磊,张琴,等. 野葛(*Pueraria lobata*)愈伤组织诱导及组织培养[J]. 西南农业大学学报,2006,28(3):422-424.

53. 谢冬娣,岳君,区兑鹏,等. 葛根微粉的制备工艺及品质特性研究[J]. 食品研究与开发,2019,40(1):76-84.

54. 谢璐欣. 葛、粉葛和葛麻姆3个变种的生药学特征研究[D]. 南昌:江西中医药大学,2021.

55. 谢璐欣,黄秋连,杨碧穗,等. 基于高效液相色谱法分析不同变种来源葛花质量差异[J]. 时珍国医国药,2021a,32(5):1139-1142.

56. 谢璐欣,黄秋连,杨碧穗,等. 基于UPLC-Q-TOF-MS技术分析不同变种来源葛花的化学成分差异性[J]. 中国实验方剂学杂志,2021b,27(19):149-156.

57. 徐燕. 葛根化学及生物活性物质的分离、纯化[D]. 合肥:安徽农业大学,2003.

58. 闫冬梅. 日本对葛根汤的研究与临床应用[J]. 国外医学(中医中药分册),2002,6:330-332.

59. 于琴芝,高立波,龙代英,等. 葛根套种花生高效栽培技术要点[J]. 南方园艺,2022,33(2):57-59.

60. 于琴芝,李良劢,莫庚生,等. 幼龄果树套种葛根高效栽培技术[J]. 长江蔬菜,2021(19):29-30.

61. 于树宏,李玲. 野葛的组织培养和植株再生[J]. 植物资源与环境,1999,8(1):63-64.

62. 曾明,张汉明,郑水庆,等. 中药葛根的本草学研究[J]. 中药材,2000,23(1):46-48.

63. 曾明,郑水庆,肖振宇,等. 葛根黄酮及银杏总提取物对高糖损伤血管内皮细胞的保护作用[C]//中华中医药学会博士学会研究分会. 2002中医药博士论坛——中医药的继承、创新与发展. 北京军区总医院药理科;第二军医大学药学院;第二军医大学海医系,2002:4.

64. 张光成,方思鸣. 葛根异黄酮的抗氧化作用[J]. 中药材,1997(7):358-360.

65. 张如全,王成国,吉德裕,等. 由葛根废渣制备葛根纤维的研究[J]. 上海纺织科技,2011,39(2):26-28.

66. 张雁,魏振承,王志坚,等. 营养保健型葛粉软糖的研制[J]. 中国野生植物资源,2003(1):33-35.

67. 张英俊,玉柱,罗海玲,等. 葛藤玉米混合青贮品质研究[J]. 中国畜牧杂志,2006,23:57-58.

68. 张志远. 葛根高产高效栽培技术[J]. 福建农业科技,2012(8):33-34.

69. 郑皓. 葛藤栽培技术[J]. 陕西林业,2006(2):38.

70. 中华人民共和国农业农村部. 2023年全国农区鼠害监测与防控技术方案. [EB/OL]. (2023-02-20)[2024-11-27]. http://www.moa.gov.cn/ztzl/2023cg/jszd_29356/202302/t20230220_6420967.htm.

71. 朱华,刘芯蕊,王孝勋. 葛花的研究进展[J]. 中医药学刊,2005(12):2273-2274.

72. 朱校奇,周佳民,黄艳宁,等. 中国葛资源及其利用[J]. 亚热带农业研究,2011,7(4):230-234.

73. 邹宽生. 江西葛资源的利用及栽培技术[J]. 福建林业科技,2004(3):110-112.

74. 周雪嫄野. 基于消费者角度对广西葛根产业发展的分析[D]. 南宁:广西大学,2018.

75. CHERDSHEWASART W, SRIWATCHARAKUL S. Major isoflavonoid contents of the 1-year-cultivated phytoestrogen-rich herb, *Pueraria mirifica*[J]. Biosci Biotechnol Biochem, 2007,71(10):2527-2533.

76. DUKE J A, SPRINGERLINK O S. Handbook of legumes of world economic importance[M]. New York: Plenum Press, 1981.

77. GUERRA M C, SPERONI E, BROCCOLI M, et al. Comparison between Chinese medical herb *Pueraria lobata* crude extract and its main isoflavone puerarin: Antioxidant properties and effects on rat liver CYP-catalysed drug metabolism[J]. Life Sciences, 2000,67(24):2997-3006.

78. JUNGSUKCHAROEN J, DHIANI B A, CHERDSHEWASART W, et al. *Pueraria mirifica* leaves, an alternative potential isoflavonoid source[J]. Biosci Biotechnol Biochem, 2014,78(6):917-926.

79. KINJO J, AOKI K, OKAWA M, et al. HPLC profile analysis of hepatoprotective oleanene-glucuronides in *Puerariae Flos*[J]. Chemical & Pharmaceutical Bulletin, 1999, 47(5):708.

80. HICKMAN J E,WU S,MICKLEY L J, et al. Kudzu (*Pueraria montana*) invasion doubles emissions of nitric oxide and increases ozone pollution[J]. Proceedings of the National Academy of Sciences,2010,107(22):10115-10119.

81. MAESEN L J G V. Revision of the Genus *Pueraria* DC.

with some notes on *Teyleria Backer* (Leguminosae)[J].
Wageningen Papers, 1985.

82. MO Q, LI S, YOU S, et al. Puerarin reduces oxidative damage and photoaging caused by UVA radiation in human fibroblasts by regulating Nrf2 and MAPK signaling pathways[J]. Nutrients,2022,14(22):4724.

83. PAIJMANS K, WHITE M L. Vegetation of Papua New Guinea (map with explanatory notes)[M]. Commonwealth Scientific and Industrial Research Organisation Land Resaerch Series 35,Melbourne,1975.

84. VAN HUNG P,MORITA N. Chemical compositions, fine structure and physicochemical properties of kudzu (*Pueraria lobata*) starches from different regions[J]. Food Chemistry,2007,105(2):749-755.

85. WIRIYAKARUN S, YODPETCH W, KOMATSU K, et al. Discrimination of the Thai rejuvenating herbs *Pueraria candollei* (White Kwao Khruea), *Butea superba* (Red Kwao Khruea), and *Mucuna collettii* (Black Kwao Khruea) using PCR-RFLP[J]. J Nat Med, 2013,67(3):562-570.

86. SHURTLEFF W, AOYAGI A. The book of kudzu: A culinary and healing guide[M]. Brookline: Autumn Press, 1977.

87. ZHAO C, Yin S, CHEN G, et al. Adsorbed hollow fiber immobilized tyrosinase for the screening of enzyme inhibitors from *Pueraria lobata* extract[J]. Journal of Pharmaceutical and Biomedical Analysis,2021,193:113743.

88. ZHAO Y, KHALID N, NEVES M,et al. Complex coacervation of gelatin and OSA-modified kudzu starch[C]. The 19th Gums & Stabilisers for the Food Industry Conference: Hydrocolloid multifunctionality, Berlin,Germany,2017:87.